Triebwagen und Triebzüge

Deutsche Bahn und Privatbahnen

Michael Dostal

VGB [VERLAGSGRUPPE BAHN] | GeraMond

Impressum

Verantwortlich: Andreas Ritz
Repro: LUDWIG:media
Coverentwurf: Kaj Ritter
Herstellung: Vanessa Brunner
Printed in Poland by CGS

Sind Sie mit diesem Titel zufrieden? Dann würden wir uns über Ihre Weiterempfehlung freuen.
Erzählen Sie es im Freundeskreis, berichten Sie Ihrem Buchhändler, oder bewerten Sie bei Onlinekauf. Und wenn Sie Kritik, Korrekturen, Aktualisierungen haben, freuen wir uns über Ihre Nachricht an GeraMond Media GmbH, Postfach 40 02 09, D-80702 München oder per E-Mail an lektorat@verlagshaus.de

Unser komplettes Programm finden Sie unter

Die Deutsche Nationalbibliothek verzeichnet diese Publikation in der Deutschen Nationalbibliografie; detaillierte bibliografische Daten sind im Internet über http://dnb.d-nb.de abrufbar.

2. Auflage (aktualisiert)

Infanteriestraße 11a
80797 München

ISBN 978-3-96453-561-0

Bildnachweis

Titelbild: Michael Dostal
Rücktitel: Michael Dostal

Deutsche Bahn AG: 22u (V. Emersleben), 24o (G. Wagner), 26u (V. Emersleben), 27u (V. Emersleben), 30u, 31o (G. Wagner), 79u (Ch-R. Andes), 85u (V. Emersleben), 87o (D. Dupont), 90u (Geheimtipp Media GmbH, L. Knauer), 95 (A. Schaarschmidt), 109 (U. Miethe), 111o (M. Henschel), 114u (K-M. Neuhold), 141u (C. Weber)

Dr. Bernhard Domagalski (Sammlung Michael Dostal): 8u, 9o, 9u, 10u, 12o, 16o, 16u, 17u, 21u, 25u, 30o, 32u, 34u, 35, 40o, 40u, 41o, 43o, 43u, 45o, 49u, 50u, 64u, 65o, 65u, 66o, 66u, 67u, 70o, 70u, 71o, 100o, 101u, 105u, 112o, 113u, 115o, 118o, 119u, 120o, 121u, 125o, 126o, 127o, 127u, 134o, 137, 138o, 138u, 143, 149o

Michael Dostal: alle nicht genannten Aufnahmen

Peter Erdmann: 112u, 115u, 139o

Dieter Eikhoff: 31u

Thomas Estler: 53u, 60o

EVB (Adeline Nagel): 93

GoAhead (Winfried Karg): 75u

Stefan Karkowski:
34o, 38u, 41u, 42o, 44o, 45u, 46o, 49o, 51u, 52o, 54u, 55u, 60u, 72u, 80u, 82o, 83o, 86o, 94, 97, 100u, 101o, 102u, 103u, 116u, 128o, 128u, 131o, 136, 140u, 141o, 145, 149u, 151o, 151u, 155o, 155u, 156o, 157o, 157u, 159o, 159u

Svetlana Linberg: 144u, 148, 156u

Roland Meier: 58o

Uwe Miethe: 18o, 19o, 24u, 25o, 44u, 52u, 53o, 57o, 58u, 67o, 74o, 80o, 81, 92, 104u, 107, 108o, 108u, 113u, 114o, 119o, 122o, 122u, 123u, 129o, 132Mo, 132Mu, 133u

Dr Christof Schröfl: 118u

Siemens AG: 15u, 86u, 87u

Rüdiger Ulrich: 135u

Christian Völk 28u, 29o

Jiří Zaňka: 134u

Vorwort

Seit der vorangegangenen Auflage des Typenatlas' „Triebwagen und Triebzüge" im Jahr 2018 hat sich der Bestand besonders bei den Elektrotriebwagen deutlich verändert.

DB Fernverkehr beschaffte in dieser Zeit weitere sieben-, zwölf- und dreizenteilige Einheiten der Baureihe 412 (ICE 4) sowie die gebrauchten Doppelstock-Triebwagen vom Typ KISS (Baureihen 4010 und 4110), die sie von der österreichischen Westbahn übernahm. Neu hinzugekommen ist die Baureihe 408 (ICE 3 neo). Hierbei handelt es sich um Mehrsystemzüge, die aus der bewährten Baureihe 407 weiterentwickelt wurden. Im Gegenzug wurden Mittelwagen der ersten ICE-1-Züge (Baureihe 401) ausgemustert und die Züge im Rahmen einer „Lebensdauerverlängerung" auf neun Mittelwagen verkürzt.

Bei den klassischen S-Bahn-Triebwagen beschaffte die S-Bahn-Stuttgart eine Nachbauserie der Baureihe 430, die teilweise schon im neuen grau/schwarzen Anstrichschema für Stuttgart geliefert wurde. Die S-Bahn Berlin nahm die ersten Wagen der Baureihen 483 und 484 in Betrieb. Sie lösen die noch von der Reichsbahn der DDR stammende Baureihe 485 ab. In Hamburg konnte man sich durch die Serienbeschaffung der Baureihe 490 komplett von der Baureihe 472 trennen, die Karlsruher Stadtbahnwagen der Baureihe 450 wurden ebenfalls abgegeben. Für die Strecke von Böblingen nach Dettenhausen beschaffte der Zweckverband Schönbuchbahn neue Triebwagen des spanischen Herstellers CAF. Allerdings stehen diese Wagen unter keinem guten Stern, weil sie immer noch keine Zulassung haben.

Viele private Eisenbahnunternehmen haben „FLIRT"-Triebwagen von Stadler in ihren Bestand aufgenommen. Auch DB Regio hat solche Züge bestellt. Triebwagen der Typen „Desiro HC" und „Mireo" verbreiteten sich ebenfalls erheblich. So haben Letztere den Regionalbetrieb im Raum Offenburg/Freiburg (Breisgau) und die S-Bahn in der Rhein-Neckar-Region übernommen. Weitere Wagen beider Typen folgten unter anderem für Go-Ahead Bayern und DB Regio. Die doppelstöckigen „Desiro HC" sind auch in Südwestdeutschland unterwegs, hier unter der Regie von DB Regio. Im Kölner Raum fahren sie für HKX. Auch die ODEG hat erste Wagen dieses Typs im Bestand.

Großes Interesse gilt derzeit den umweltschonenden „alternativen" Antriebsmethoden. So sollen in Kürze Triebwagen mit Brennstoffzellenantrieb oder mit hybridem Batterieantrieb in Serie gehen. Dafür bieten unter anderem Stadler (Flirt 3 Akku BEMU), Siemens (Mireo Plus H, Plus B) und Alstom (LINT) passende Fahrzeuge an.

Wenig Veränderung gab es bei den Dieseltriebwagen. Hier wechselten zwar zahlreiche private Fahrzeuge ihre Eigentümer und damit oft auch ihre Farbgebung, es wurden aber nur vereinzelt neue Exemplare beschafft. Neue Baureihen kamen seit 2018 gar nicht hinzu. Gleichzeitig ist der Bestand der Baureihe 628/629 deutlich zurückgegangen.

Bei „Multifunktionalen Instandhaltungsfahrzeugen für die Schieneninfrastruktur", die die DB Netz AG seit 2016 in Dienst stellt, sind weitere Ausführungen hinzugekommen. Diese Fahrzeuge bauen auf einer einheitlichen Plattform auf und sehen sich deshalb sehr ähnlich. Die auf dem Uerdinger Schienenbus basierenden Baureihen 725, 726 und 740 verschwanden in den vergangenen Jahren vollständig aus den Bestandslisten.

Viel Vergnügen beim Lesen wünscht

Michael Dostal
Frühjahr 2024

Die Nahverkehrsverbund Schleswig-Holstein GmbH (NAH.SH GmbH) hat für die von ihr genutzten Fahrzeuge ein eigenes Farbkonzept mit unterschiedlichen Grüntönen gewählt. In diesem Outfit fährt der 445 022 am 18. Mai 2022 in Hamburg Hbf ein.

Inhalt

BAUREIHE 401

Antrieb vorn und hinten – der ICE 1

Am 9. März 2016 startet der Triebkopf 401 070 in München Hbf in Richtung Norden. Hinter ihm sind die Wagen der 2. Klasse eingereiht.

Während der 1990er-Jahre war der ICE 1 das „Paradepferd" der Deutschen Bahn. Der stromlinienförmige Zug verschaffte ihr mit seinen 280 km/h einen enormen Image- und Fahrgastgewinn.

Im Februar 1989 bestellte die Deutsche Bundesbahn die ersten Serienzüge, nachdem der Prototyp schon vier Jahre im Einsatz war. Von 1989 bis 1996 lieferten mehrere Hersteller 122 Triebköpfe und 723 Mittelwagen, aus denen 60 Garnituren gebildet werden können.

Die Triebköpfe wurden unter den Nummern 401 001/501 bis 401 020/520 und 401 051/551 bis 401 090/590 eingereiht. Die Mittelwagen erhielten die Baureihennummern 801 (1.-Klasse-Wagen), 802 (2.-Klasse-Wagen), 803 (Service-Wagen) und 804 (Speisewagen). Ein Zug besteht in der Regel aus zwei Triebköpfen und bis zu zwölf Mittelwagen.

Die Triebköpfe sind in Stahlleichtbauweise gefertigt, die Mittelwagen aus geschweißten Aluminium-Großstrang-Pressprofilen. Auf die Schall- und Wärmedämmung wurde besonderer Wert gelegt. Alle Wagen haben stahlgefederte Drehgestelle mit Schraubenfedern und Dämpfern.

Jeder der vier Drehstrom-Asynchronmotoren eines Triebkopfs erbringt eine Dauerleistung von 1.200 kW. In den ersten 20 Zügen wurden Thy-

Die Sitze in der 1. Klasse sind mit grauem Leder bezogen und es stehen nur drei Sitze in einer Reihe.

2005 bis 2008 wurden die Innenräume der Mittelwagen an das Design der ICE-3-Wagen angepasst. Im August 2015 verlässt 401 508 Würzburg Hbf in Richtung Süden.

ristoren mit Ölkühlung eingebaut, in den übrigen GTO-Thyristoren mit FCKW-freier Siedebadkühlung. Drei Bremssysteme ergänzen einander: generatorische Bremsen mit Energierückspeisung, elektropneumatisch gesteuerte Scheibenbremsen und Magnetschienenbremsen. Für Fahrten in die Schweiz bekamen einige Triebköpfe einen zweiten Stromabnehmer mit schmalem Schleifstück. Zum Erkennen von Defekten sind die Züge mit dem Eigendiagnosesystem „DAVID" ausgestattet. Das System leitet Informationen zu Problemen automatisch an die Werkstatt.

Die Sitzwagen bieten jeweils einen Großraum und mehrere geschlossene Abteile. Im Servicewagen sind ein Fahrgastraum, das Abteil für den Zugchef, ein Konferenzabteil und ein behindertengerechtes WC untergebracht. Im Speisewagen trennt die Küche den Speise- vom Bistrobereich. Er fällt von außen durch das höhere Dach auf.

2005 bis 2008 durchliefen die Züge ein Redesign-Programm, in dem sie auf den neuesten technischen Stand gebracht und die Innenräume an das Design des ICE 3 angepasst wurden.

Seit 2020 bekommen die Züge ein zweites Redesign zur Verlängerung der Lebensdauer. Dabei werden die Züge von zwölf auf neun Mittelwagen verkürzt und der Servicewagen wieder der 2. Klasse zugeordnet.

2022 waren die Züge in Hamburg-Eidelstedt beheimatet und wurden überwiegend auf den Nord-Süd-Linien eingesetzt.

TECHNISCHE DATEN

Länge ü. Kupplung:
Zug 14-teilig 357.920 mm
Triebkopf 20.560 mm
Mittelwagen 26.400 mm

Radsatzfolge:
Bo'Bo'+2'2'+…+2'2'+Bo'Bo'

Treibraddurchmesser:
1.030 mm

Achsstand im Drehgestell:
Triebkopf 3.000 mm
Mittelwagen 2.500 mm

Gesamter Achsstand:
Triebkopf 14.460 mm

Dienstmasse:
Triebkopf 80,4; 77,5[1] t

Radsatzfahrmasse:
Triebkopf 20,1 t

Höchstgeschwindigkeit:
280 km/h

Leistung: 8 x 1.200 kW

Motorbauart:
Drehstrom-Asynchronmotor

Antrieb:
Kardan-Hohlwelle

Anfahrzugkraft:
2 x 200 kN

Stromsystem: 15 kV~/16,7 Hz

Indienststellung: 1991–1993

[1] 401 051/551 bis 090/590 mit GTO-Thyristoren

In den Wagen gibt es Sitze in offenen Abteilen mit Zwischentischen und in Reihenbestuhlung.

BAUREIHE 402

Nur ein Triebkopf – der ICE 2

Hinter dem Triebkopf sind in der Regel sechs Mittel- und ein Steuerwagen eingestellt (402 034, Würzburg, 10. Juli 2015).

Für den Ausbau ihres Hochgeschwindigkeitsnetzes benötigte die Bahn Züge, die sich flexibler an das Fahrgastaufkommen anpassen ließen. Deshalb bestellte sie bei Siemens 44 achtteilige ICE-2-Züge. Die Montage der 46 Triebköpfe erfolgte im ehemaligen Krupp-Werk in Essen, die 264 Mittelwagen wurden bei der AEG Nürnberg sowie bei DUEWAG, LHB und DWA gebaut. Die Steuerwagen entstanden bei Adtranz in Nürnberg. Die Fahrzeuge erhielten folgende Nummern: 402 für die Triebköpfe, 805 für die Mittelwagen 1. Klasse, 806 für die Mittelwagen 2. Klasse, 807 für die Speisewagen und 808 für die Steuerwagen. Im Regelfall setzt sich ein Zug aus einem Triebkopf, einem Steuerwagen, einem Speisewagen und fünf Sitzwagen zusammen.

Der Triebkopf entspricht weitgehend der Baureihe 401. Auf der Frontseite musste allerdings eine zweiteilige Bugklappe angebracht werden, hinter der sich die automatische Kupplung verbirgt.

Die Mittelwagen laufen auf luftgefederten Drehgestellen der Bauart SGP 400. Weil jeder Halbzug nur einen Stromabnehmer hat, muss dieser auch bei sehr hohen Geschwindigkeiten sicher am Fahrdraht bleiben.

Der ICE 2 kommt mit einem Triebkopf aus, der weitgehend dem des ICE 1 entspricht.

Am hinteren Ende des Zugs ist ein Steuerwagen eingereiht, dessen Kopfform sich an die der Triebköpfe anlehnt.

Für diese Ansprüche wurde der Stromabnehmer vom Typ DSA 350 SEK angepasst. Die Scharfenberg-Kupplungen der Triebköpfe verbinden die Halbzüge nicht nur mechanisch, sondern auch die Luftleitungen und die Lichtwellenleiter, Datenbusse, die konventionellen Steuerleitungen und das Koaxialkabel des Fahrgastinformationssystems. Gegenüber dem ICE 1 wurde das Antriebssteuergerät SIBAS 32 weiterentwickelt.

Auch die Mittelwagen entsprechen weitgehend der ersten Generation. Die durchgehenden Großräume wurden mit leichteren Sitzen ausgestattet. Kopfhöreranschlüsse, Lautstärkeregler und Programmwähler sowie die Verstellmöglichkeit der Rückenlehnen sorgen für Komfort. Auf Anregung der Fahrgäste wurden die Schwenktische der ICE 1 durch einfach zu bedienende Klapptische an den Lehnen der Vordersitze ersetzt.

Der Bistrobereich des Speisewagens wurde kleiner, weil der Wagen zusätzlich das Serviceabteil aufnehmen musste. Die Stirnpartie des Steuerwagens wurde analog zum Triebkopf gestaltet. An den Führerraum schließt sich ein Maschinenraum an.

2010 begann das Redesign-Programm für den ICE 2, in dem die Züge auf den neuesten technischen Stand gebracht wurden. Die Innenausstattung wurde an die des ICE 3 angepasst.

Alle Züge waren 2022 in Berlin-Rummelsburg beheimatet und wurden von dort auf kürzeren ICE-Linien mit Flügelzugbildung eingesetzt oder als Doppeleinheiten in Mischplänen mit den ICE-1-Zügen.

TECHNISCHE DATEN

Länge über Kupplung:
Zug 8-teilig 205.360 mm
Triebkopf 20.560 mm
Mittelwagen 26.400 mm

Radsatzfolge:
Bo'Bo'+2'2'+…+2'2'

Treibraddurchmesser:
1.030 mm

Achsstand im Drehgestell:
Triebkopf 3.000 mm
Mittelwagen 2.500 mm

Gesamter Achsstand:
Triebkopf 14.460 mm

Dienstmasse:
Triebkopf 77,5 t

Radsatzfahrmasse:
Triebkopf 20,1 t

Höchstgeschwindigkeit:
280 km/h

Leistung: 4 x 1.200 kW

Motorbauart:
Drehstrom-Asynchronmotor

Antrieb:
Kardan-Hohlwelle

Anfahrzugkraft: 200 kN

Stromsystem: 15 kV~/16,7 Hz

Indienststellung: 1996–1997

Damit die Züge gekuppelt werden können, ist hinter einer Bugklappe eine automatische Kupplung montiert.

BAUREIHE 403

Der Einsystem-ICE-3

Bei den Endwagen 403^0 und 403^5 sind alle vier Radsätze angetrieben. Am 5. Juli 2017 hat 403 561 Ulm Hbf erreicht.

Zur Ergänzung der ICE-Flotte beschaffte die Deutsche Bahn AG die Triebzüge der neuen, 330 km/h schnellen ICE-3-Generation. 1999 begann die Auslieferung von 37 Einheiten der Baureihe 403 durch Siemens und Adtranz. Die DB nahm die Züge zwischen Juli 2000 und August 2001 ab und setzte sie auf ihren Hochgeschwindigkeitsstrecken ein. Ab Januar 2005 wurde die zweite Bauserie ausgeliefert, die bei der Deutschen Bahn unter den Nummern 403 051 bis 063 läuft.

Die Züge der Baureihe 403 waren 2022 in München beheimatet und überwiegend im Schnellverkehr zwischen Dortmund, Berlin und München über Nürnberg und Frankfurt [Main] eingesetzt. Weitere Verbindungen führten aus dem Rhein-Ruhrgebiet über Mannheim nach Basel und Stuttgart.

Je vier Wagen des achtteiligen Triebzugs bilden eine eigenständige Einheit mit allen elektrischen Einrichtungen. Die Wagenkästen sind in Leichtmetallbauweise aus Großstrang-Pressprofilen hergestellt. Die Untergestelle sind verstärkt. Sie tragen die komplette elektrische Einrichtung, weil der ICE 3 keine Triebköpfe hat. Die Wagen sind mit einer automatischen Kupplung verbunden, die zusammen mit dem Übergang von einem Wellenbalg umschlossen wird. Antrieb und Steuerung sind unterflur

Die elektrischen Einrichtungen und der Antrieb verteilen sich bei den ICE 3 über den ganzen Zug. So hat 403 136 einen Stromabnehmer und trägt den Transformator für einen Halbzug.

Ein Zug besteht aus acht im Betrieb nicht trennbaren Wagen. Im Plandienst werden auch zwei Züge im Verband gefahren.

unter den einzelnen Wagen eingebaut. Ein Zug besteht aus vier angetriebenen und vier nicht angetriebenen Wagen. Damit lassen sich Steigungen von 40 ‰ bei nur 16 Tonnen Radsatzlast bewältigen.

Die Zugkombination sieht in der Regel wie folgt aus:

- 403^0 Endwagen, 1. Klasse
- 403^1 Trafowagen, 1. Klasse
- 403^2 Stromrichterwagen, 1. Klasse
- 403^3 Mittelwagen, Restaurant
- 403^8 Mittelwagen, 2. Klasse
- 403^7 Stromrichterwagen, 2. Klasse
- 403^6 Trafowagen, 2. Klasse
- 403^5 Endwagen, 2. Klasse.

Der Antrieb erfolgt durch 16 Drehstrom-Asynchronmotoren mit einer Leistung von je 500 kW. Sie übertragen ihr Drehmoment über eine radial und axial bewegliche Bogenzahnkupplung auf das Radsatzgetriebe.

2002 wurden die Züge einem größeren Umbau unterzogen. Man hatte erkannt, dass einerseits zu viele 1.-Klasse-Plätze vorhanden waren und andererseits die Gesamtzahl an Sitzplätzen nicht ausreichte. Um zusätzliche Plätze unterbringen zu können, wurden die Sitze enger aufgestellt, Garderoben entfernt und der ursprüngliche 1.-Klasse-Bereich des Stromrichterwagens der 2. Klasse zugeordnet. Die bequemen, verstellbaren Einzelsitze verteilen sich auf Großräume und geschlossene Abteile. Nach anfänglichen Problemen wurde die Klimaanlage ab April 2004 überarbeitet.

Um auch auf der Schnellfahrstrecke Erfurt–Leipzig/Halle fahren zu können, werden die Züge zurzeit mit ETCS ausgestattet.

TECHNISCHE DATEN

Länge über Kupplung:	Zug 8-teilig 200.320 mm Endwagen 25.835 mm Mittelwagen 24.775 mm
Radsatzfolge: (Halbzug)	Bo'Bo'+2'2'+Bo'Bo'+2'2'
Treibraddurchmesser:	920 mm
Achsstand im Drehgestell:	2.500 mm
Gesamter Achsstand:	19.875 mm
Dienstmasse:	Zug 405 t
Radsatzfahrmasse:	16,6 t
Höchstgeschwindigkeit:	330 km/h
Leistung:	16 x 500 kW
Motorbauart:	Drehstrom-Asynchronmotor
Antrieb:	Stirnradgetriebe, Bogenzahnkupplung
Anfahrzugkraft:	300 kN
Stromsystem:	15 kV~/16,7 Hz
Indienststellung:	2000–2001, 2005

Um auf die Umweltfreundlichkeit aufmerksam zu machen, haben einige Endwagen teilweise grüne Streifen (403 035, Tamm, 26. Mai 2020).

BAUREIHE 406

Der Mehrsystem-ICE-3

Die Mehrsystem-Triebwagen der Baureihe 406 können in Wechsel- und Gleichspannungsnetzen eingesetzt werden.

TECHNISCHE DATEN

Länge über Kupplung:
Zug 8-teilig 200.320 mm
Endwagen 25.835 mm
Mittelwagen 24.775 mm

Radsatzfolge: (Halbzug)
Bo'Bo'+2'2'+Bo'Bo'+2'2'

Achsstand im Drehgestell:
2.500 mm

Gesamter Achsstand:
19.875 mm

Dienstmasse: Zug 435 t

Radsatzfahrmasse: 16,6 t

Höchstgeschwindigkeit:
330/220 [1)] km/h

Leistung: 16 x 500 kW

Motorbauart:
Drehstrom-Asynchronmotor

Antrieb:
Stirnradgetriebe,
Bogenzahnkupplung

Anfahrzugkraft: 300 kN

Stromsysteme:
15 kV~/16,7 Hz; 25 kV~/50Hz
1,5 kV=, 3 kV=

Indienststellung:
2000–2002

[1)] unter Gleichspannung

Weil die DB ihre ICE auch in Ländern mit anderen Stromsystemen einsetzen möchte, bestellte sie im Rahmen der ICE-3-Beschaffung Züge, die auch unter Gleichspannung betrieben werden können. Die 13 Viersystemzüge der Baureihe 406 waren zunächst für Einsätze in die Niederlande vorgesehen. Vier von ihnen gehören der Niederländischen Staatsbahn (NS). Die Garnituren haben keine separaten Triebköpfe. Die kleinste betriebsfähige Einheit besteht aus vier Wagen. Ein kompletter Zug setzt sich aus vier angetriebenen und vier nicht angetriebenen Wagen zusammen.

Die Untergestelle mussten stabiler als die der Baureihe 403 ausgeführt werden, denn tragen außer den Wechselspannungsaggregaten auch die Einrichtungen für den Einsatz unter Gleichspannung. Die Drehgestelle der Bauart SGP 500 sind unter allen Wagen weitgehend baugleich. Ihr Hauptbestandteil ist ein doppelter H-Rahmen aus geschweißten Kastenprofilen. Sie haben primär doppelte Schraubenfederung, sekundär wurden Luftfedern verwendet. Dämpfer und Wankstützen gewährleisten auch bei der Höchstgeschwindigkeit von 330 km/h für einen ruhigen Lauf.

Die Wagenkästen sind in Leichtmetallbauweise aus Großstrang-Pressprofilen ohne Spriegel hergestellt. Automatische Kupplungen der Bauart Scharfenberg verbinden die einzelnen Wagen miteinander. Die Kupplung und der Übergang werden von einem Wellenbalg umschlossen.

Der Antrieb erfolgt durch 16 Drehstrom-Asynchronmotoren mit einer Leistung von je 500 kW. Sie übertragen ihr Drehmoment über eine radial und axial bewegliche Bogenzahnkupplung auf das einstufige Radsatzgetriebe.

Der Hauptstromkreis weicht allerdings erheblich von dem des 403 ab. Auf den Wagen 406^1 und 406^6 sind Wechselspannungsabnehmer für DB und ÖBB montiert. Gleichspannungsabnehmer für NS und SNCF befinden sich

406 052 wird von den Niederländischen Staatsbahnen NS eingesetzt. Er trägt passende Logos und den Namen „Arnhem". Am 30. September 2022 verlässt er Köln Hbf.

auf den Wagen 406^2 und 406^7. Die Abnehmer für das Wechselspannungsnetz der SBB, der SNCF und der SNCB sind auf den Wagen 406^3 und 406^8 zu finden.

Wegen der zusätzlichen Geräte musste die Zahl der Sitzplätze gegenüber der Baureihe 403 verringert werden. Die Endwagen haben z. B. nur 46 Plätze statt 49, weil sich am Wagenende 1 ein großer Geräteschrank befindet. Die Fahrgäste können es sich auf verstellbaren Einzelsitzen in Großräumen und in geschlossenen Abteilen bequem machen. Ab April 2004 wurden die Fahrzeuge mit einer neuen Klimaanlage ausgerüstet.

Die Züge wurden 2022 überwiegend im Schnellverkehr zwischen Amsterdam und Köln eingesetzt. Aber auch Basel gehörte zu ihren Zielen. Die deutschen Züge waren in Frankfurt [Main] beheimatet. Die vier Triebwagen der NS hatten ihren Heimatbahnhof in Den Haag, wurden aber von der Deutschen Bahn gewartet.

Sechs Züge bekamen 2007 die Zulassung für Frankreich und wurden in 406 081/581 ff umgezeichnet.

Wegen zunehmend technischer Probleme verkündete die DB im März 2021, sich von der Baureihe 406 zu trennen und durch die Baureihe 408 zu ersetzen. Er wurde aber auch in Betracht gezogen, nur den Gleichspannungsteil still zu legen und die Züge nur noch im Inland zu nutzen.

Der Zug 4601 wurde zum Botschafterzug für Europa und bekam dafür einen dunkelblauen Streifen. Zu diesem Zug gehört auch der 406 101, der am 23. August 2019 Mannheim verlässt.

BAUREIHE 407, 408

ICE 3 – 2. Generation, ICE 3 neo

Konstruktiv gehören die ICE-Züge der Baureihen 407 und 408 zu den ICE 3. Sie wurden allerdings auf den neuesten technischen Stand gebracht und bekamen ein neues Außendesign. Am 24. März 2022 ist der 407 512 auf der Schnellfahrstrecke bei Vaihingen (Enz) unterwegs.

Mit dem „Velaro D“ beschaffte die Deutsche Bahn eine weitere ICE-Bauart, die den Bestand an ICE-1- bis ICE-3-Zügen ergänzt. Aus den ICE-3-Zügen entwickelte Siemens die flexible „Velaro“-Plattform. Sie ermöglicht die Ausstattung der Züge nach kundenspezifischen Wünschen. Nach den Zügen für Spanien, China und Russland ist der „Velaro D“ (D für Deutschland) die vierte realisierte Variante.

Ab Dezember 2008 bestellte die Deutsche Bahn AG bei Siemens 17 achtteilige Mehrsystemzüge im Wert von über 500 Mio. Euro für den internationalen Hochgeschwindigkeitsverkehr.

Die bei den ersten „Velaro D“ verwendeten Drehgestelle des Typs SF 500 wurden für die deutsche Variante komplett überarbeitet und mit neu dimensionierten Radsatzwellen sowie Fahrwerküberwachungs- und -diagnosesystemen ausgerüstet.

Außer generatorischen Bremsen stehen Wirbelstrombremsen und pneumatische Scheibenbremsen zur Verfügung.

Gegenüber den Vorgängern wurde das Dach des Velaro D um 40 cm angehoben, um die Aerodynamik zu verbessern und um Stromabnehmer, Hochspannungsanlagen, Bremswiderstände und Teile der Klimaanlage strömungsgünstiger unterzubringen.

Die Mittelwagen der Baureihe 407^3 tragen den Stromabnehmer für den Wechselspannungsbetrieb in Deutschland.

Die Köpfe der Endwagen bestehen aus einer Aluminiumkonstruktion, die für den Einbau von Crashmodulen für den Aufprallschutz angepasst werden musste. Die Bugklappen sind nicht mehr vertikal geteilt, sondern horizontal, sodass das Vorschieben der Kupplung per Teleskopstange entfällt. Hinter dem jeweiligen Führerraum befindet sich anstelle der bisherigen Lounge ein Technikraum.

Mit 460 Sitzplätzen (davon 111 in der 1. Klasse und 16 im Bistrobereich) bietet der Velaro D bei mehr Sitzplätzen denselben Sitzkomfort wie der ICE 3. Um dies zu erreichen, wurden mehrere Geräteschränke neu angeordnet. Außerdem entfielen die Abteile zugunsten reiner Großraumwagen.

Der Velaro D wurde auf der InnoTrans 2010 in Berlin erstmals der Öffentlichkeit vorgestellt. Mitte Januar 2011 begannen dann im Prüfzentrum Wegberg-Wildenrath Testfahrten. Der Beginn des Planeinsatzes war für Dezember 2011 vorgesehen. Allerdings erteilte das Eisenbahn-Bundesamt erst im Sommer 2013 die Zulassung für den Betrieb in Deutschland in Einfachtraktion. Ab Dezember 2013 durfte auch in Doppeltraktion gefahren werden. Seit April 2014 sind die in Frankfurt-Griesheim beheimateten Züge im Planeinsatz unterwegs. Aufgrund ihrer Zulassung in Frankreich waren die Mehrsystemzüge bevorzugt nach Paris eingesetzt.

2019 bestellte die Deutsche Bahn 90 Züge der Baureihe 408 („Velaro MS"), die aus der Baureihe 407 entwickelt worden waren. Der erste Zug wurde Anfang Februar 2021 im ICE-Werk Berlin-Rummelsburg vorgestellt und im August 2021 fanden erste Fahrten im Prüfcenter Wegberg-Wildenrath statt. Der erste Planeinsatz fand im Dezember 2022 zwischen Dortmund/Köln und Frankfurt (Main) statt. Inzwischen sind die Züge auch auf der Schnellfahrtrecke zwischen Stuttgart/Wendlingen und Ulm (weiter nach München) unterwegs. Ab Juni 2024 sollen die Züge auch nach Belgien eingesetzt werden.

Die Züge werden bevorzugt auf der Linie Dortmund–München über Stuttgart eingesetzt. Am 29. Februar 2024 durchfährt der Zug 8019 als ICE 918 (München–Dortmund) Esslingen am Neckar.

TECHNISCHE DATEN

Länge über Kupplung:
Zug 8-teilig 200.720 mm
Endwagen 25.700 mm
Mittelwagen 24.200 mm

Radsatzfolge: (Halbzug)
Bo'Bo'+2'2'+Bo'Bo'+2'2'

Treibraddurchmesser:
920 mm

Achsstand im Drehgestell:
2.500 mm

Gesamter Achsstand:
19.875 mm

Dienstmasse: Zug 454 t

Radsatzfahrmasse: 17 t

Höchstgeschwindigkeit:
320; 220[1] km/h

Leistung:
16 x 500 kW; 16 x 262,5 kW

Motorbauart:
Drehstrom-Asynchronmotor

Stromsysteme:
15 kV~/16,7 Hz; 25 kV~/50 Hz
1,5 kV=, 3 kV=

Indienststellung
2009–2012

[1] unter Gleichspannung

In der Baureihe 407 gibt es nur noch Großräume mit unterschiedlichen Sitzanordnungen.

BAUREIHE 409

THALYS – In drei Ländern unterwegs

Die THALYS-Züge gehören vier Bahnverwaltungen. Die DB hat die Züge 4321 und 4322 im Bestand, die intern als Baureihe 409 bezeichnet werden. Der Zug 4303 fährt am 29. Dezember 2015 durch Köln-Deutz.

Für den Hochgeschwindigkeitsverkehr zwischen den Städten Paris, Brüssel, Köln und Amsterdam (PBKA) beschafften SNCF, SNCB, DB und NS einen gemeinsamen Fahrzeugtyp. Die Viersystem-PBKA-Hochgeschwindigkeitszüge sind eine Weiterentwicklung des TGV und werden unter dem Produktnamen THALYS vermarktet. Die vier beteiligten Bahnen bestellten 17 Garnituren bei GEC-Alsthom. Davon erhielten die SNCB sieben Einheiten (4301 bis 4307), die SNCF sechs (4341 bis 4346), die NS zwei (4331 bis 4332) und die DB zwei (4321 bis 4322). Letztere werden DB-intern als Baureihe 409 geführt.

Eine Zuggarnitur besteht aus zwei Triebköpfen und acht Mittelwagen. Die Mittelwagen sind über Jakobsdrehgestelle miteinander verbunden. Sie bilden somit eine betriebliche Einheit. Durch seine gerundete Nase ähnelt der THAYLS PBKA äußerlich dem TGV-Duplex. Technisch betrachtet ist er aber ein Verwandter des TGV-Réseau.

Mittelwagen, die an die Triebköpfe anschließen, haben hier ein eigenes Drehgestell. Am anderen Ende sind sie über ein Jakobsdrehgestell mit dem nächsten Mittelwagen verbunden.

Der Zug 4303 gehört zu den sieben Zügen der belgischen Eisenbahnen SNCB. Am 30. September 2022 fährt er aus Köln Hbf aus.

Der THAYLS ist für den Links- und den Rechtsverkehr ausgelegt. Daher wurde das Führerpult mittig angeordnet. Die wichtigsten Bedienelemente sind auf beiden Seiten vorhanden.

Die Dauerleistung beträgt bei 1,5 kV Gleichspannung (Niederlande) und bei 15 kV mit 16 2/3 Hz Wechselspannung (Deutschland) nur 3.680 kW. Bei 3 kV Gleichspannung(Belgien) sind es immerhin 5.210 kW. Damit erreichen sie eine Höchstgeschwindigkeit von 220 km/h. Die zulässigen 300 km/h erreicht der THAYLS nur unter 25 kV/50 Hz auf französischen, belgischen und niederländischen Hochgeschwindigkeitsstrecken. Hier beträgt seine Leistung 8.800 kW. Den Antrieb übernehmen acht Wechselstrommotoren. Abhängig von Geschwindigkeit, Fahrtrichtung und Netz wird die Anpresskraft der Einholmstromabnehmer automatisch geregelt. Sie können sich somit an die unterschiedlichen Oberleitungen anpassen.

Fünf Mittelwagen, davon einer mit Bar, sind für die Fahrgäste der Comfortstufe 2 vorgesehen. Die übrigen drei Wagen führen die Comfortstufe 1. Im Wagen 1 befindet sich das Gepäckabteil. Insgesamt bieten die rund 200 Meter langen THAYLS 377 Sitzplätze.

Seit dem 14. Dezember 1997 fahren die THAYLS PBKA von Paris nach Brüssel und weiter nach Amsterdam bzw. nach Köln. Inzwischen bekamen die Fahrzeuge eine neue Inneneinrichtung und ein neues Gesicht. Das Zugpersonal präsentiert sich in neuen Uniformen. Ein neues Service-Konzept wurde eingeführt und es gibt auch Breitband-Internet-Anschluss per Satellitentechnologie.

TECHNISCHE DATEN

Länge über Kupplung:
Zug 10-teilig 200.190 mm
Endwagen 22.150 mm
Mittelwagen
21.845; 18.700 mm

Radsatzfolge: Bo'Bo'+2'(2)'(2)'(2)'(2)'(2)'(2)'(2)'(2)'2'+Bo'Bo'

Treibraddurchmesser:
920 mm

Achsstand im Drehgestell:
3.000 mm

Gesamter Achsstand:
17.000; 21.700 mm

Dienstmasse: Zug 416 t

Radsatzfahrmasse: 17 t

Höchstgeschwindigkeit:
300 [1)]; 250 [2)]; 220 [3)] km/h

Leistung: 8 x 1.094 [1)];
8 x 485 [2)]; 8 x 640 [3)] kW

Stromsysteme: 25 kV/50 Hz;
15 kV/16 2/3 Hz;
1,5 kV=; 3 kV=

Indienststellung:
1996–1998

1) 25 kV/50 Hz;
2) 15 kV/16 2/3 Hz;
3) 1,5 kV= und 3 kV=

In die Züge sind auch Barwagen eingereiht.

BAUREIHE 410

Der Mess-ICE

Zur Erprobung neuer Komponenten hat die Bahn einen Zug der Baureihe 410 im Bestand. Er besteht aus zwei modifizierten ICE-2-Triebköpfen und zwei Mittelwagen. Am 12. März 2020 pausiert der Zug während einer Messfahrt mit dem Velaro Novo-Testwagen in Donauwörth.

Nach den ICE-1- und ICE-2-Zügen, die aus Triebköpfen und nicht angetriebenen Mittelwagen bestehen, änderte die DB das Antriebskonzept. Bei den künftigen ICE-Zügen sollten alle Aggregate unter den Böden der Wagen aufgehängt werden. Durch die Verteilung des Antriebs auf mehrere Wagen ergibt sich ein günstigeres Verhältnis zwischen Masse und Beschleunigung, sodass der ICE 3 schnell seine Höchstgeschwindigkeit von 330 km/h erreicht. Zur Entwicklung des ICE 3 stellte die DB den Versuchszug ICE S (S = Schnellfahrt) der Baureihe 410 in Dienst.

Die Triebköpfe stammen aus der Produktion des ICE 2, wurden aber an die Versuchsansprüche angepasst. Weil die Leistung des fünfteiligen ICE S dreimal so hoch ist wie die eines ICE-Triebkopfs, erreicht er eine Spitzengeschwindigkeit von 400 km/h. Zwei Fahrmotoren je Triebgestell treiben den Versuchszug an. Die Bremsen des ICE S bestehen aus drei Systemen:

- Bei der generatorischen Bremse arbeiten die Fahrmotoren als Generatoren und speisen die beim Bremsen frei werdende Energie in die Oberleitung zurück.

Der Mittelwagen 810 101 ist mit zahlreichen Mess- und Überwachungseinrichtungen ausgestattet (München Hbf).

Der vierteilige ICE S verweilt zwischen zwei Messfahrten im Bahnhof Donauwörth.

- Die lineare Wirbelstrombremse funktioniert ähnlich wie eine Magnetschienenbremse, allerdings schwebt der Bremsmagnet über dem Gleis. Der Magnet induziert elektrische Felder im Gleis, die den Zug verzögern. Diese Bremse arbeitet praktisch verschleißfrei.
- Die normale Scheibenbremse.

Um die Bedingungen des ICE 3 zu simulieren, wurden die elektrischen Einrichtungen auf die drei Mittelwagen verteilt. Sie bilden dadurch eine Einheit. Der Haupttransformator ist in einer Bodenwanne des nicht angetriebenen Messwagens aufgehängt. Er bezieht seine Energie über den Stromabnehmer auf dem Dach des Messwagens, kann aber auch über die Hochspannungsdachleitung aus den Triebköpfen versorgt werden.

Die beiden Triebköpfe wurden mit neuen Hochgeschwindigkeits-Stromabnehmern bestückt. Die Stromabnehmer auf dem Mittelwagen 2 sind nicht angeschlossen. Ihre schmalen Schleifstücke eignen sich für den Einsatz im französischen, niederländischen und belgischen Netz. Neben den zahlreichen Sensoren sind auf dem Dach auch Kameras und je zwei Strahler zur Beobachtung der beiden Messstromabnehmer und der Oberleitung angebracht. Mit dem neuen „Multi-Vehicle-Bus" (MVB) und der Zugkommunikation „Train Communication Networks" (TCN) können neben ständig anfallenden Kontrolldaten auch situationsbezogene Daten aufgezeichnet und übertragen werden.

Im Mittelwagen 1 (810 101), dem sogenannten „VIP-Wagen", standen geladenen Gästen 43 Sitzplätze der 1. Klasse zur Verfügung. Außerdem gab es eine kleine Galley für Snacks und Getränke. Heute ist der Wagen mit Messeinrichtungen ausgestattet. Im Messwagen 810 102 werden ebenfalls Daten gesammelt und zentral verarbeitet. Die ersten Ergebnisse können schon während der Fahrt im Besprechungsabteil erörtert werden. Geräte, die nicht benötigt werden, finden im Lagerraum Platz.

TECHNISCHE DATEN

Länge über Kupplung:
Zug 5-teilig 120.320 mm
Triebkopf 20.560 mm
Mittelwagen 26.400 mm

Radsatzfolge: Bo'Bo' + Bo'Bo'+2'2'+Bo'Bo'+Bo'Bo'

Treibraddurchmesser:
Triebkopf 1.030 mm
Mittelwagen 920 mm

Achsstand im Drehgestell:
Triebkopf 3.000 mm
Mittelwagen 2.500 mm

Gesamter Achsstand:
Triebkopf 14.460 mm

Dienstmasse: Triebkopf 78 t

Radsatzfahrmasse:
Triebkopf 16 t

Höchstgeschwindigkeit:
440 km/h

Leistung:
2 x 4 x 1.200, 2 x 4 x 500 [1] kW

Motorbauart:
Drehstrom-Asynchronmotor

Antrieb:
Kardan-Hohlwelle

Anfahrzugkraft: 341 kN

Stromsystem: 15 kV~/16,7 Hz

Indienststellung: 1997

[1] angetriebene Mittelwagen

Unter dem 810 102 läuft ein Messdrehgestell, mit dem neue Bauteile für Laufwerke untersucht werden können.

BAUREIHE 411

Der lange Pendel-ICE

Der 411 508 mit dem Namen „Berlin" ist am 18. Mai 2022 in Hamburg-Harburg angekommen.

TECHNISCHE DATEN

Länge über Kupplung:
Zug 7-teilig 184.400 mm
Endwagen 27.450 mm
Mittelwagen 25.900 mm

Radsatzfolge: 2'2'+(1A)'(A1)'+(1A)'(A1)'+2'2'+(1A)'(A1)'+(1A)'(A1)'+2'2'

Treibraddurchmesser: 890 mm

Achsstand im Drehgestell: 2.700 mm

Gesamter Achsstand: 21.700 mm

Dienstmasse: Zug 368 t

Radsatzfahrmasse: 16,6 t

Höchstgeschwindigkeit: 230 km/h

Leistung: 8 x 500 kW

Motorbauart: Drehstrom-Asynchronmotor

Antrieb: Gelenkwelle mit Stirnradgetriebe

Anfahrzugkraft: 200 kN

Stromsystem: 15 kV~/16,7 Hz

Indienststellung: 1999–2005

Um auch auf Fernstrecken mit teilweise engen Kurvenradien und geringen Geschwindigkeiten einen Innovationsschub hinsichtlich Komfort- und Fahrzeitgewinn zu erzielen, beschaffte die DB die mit Neigetechnik ausgerüsteten siebenteiligen Triebzüge 411 „ICE T".

32 dieser auf dem ICE 3 basierenden Einheiten wurden zwischen 1999 und 2000 abgeliefert. 2004 und 2005 reihte die DB weitere 27 Züge der Baureihe 411 als ICE T2 mit den Nummern 411 051 bis 411 078 in den Bestand ein.

Die Grundkonzeption des ICE T folgt dem italienischen ETR 460. Dessen Hersteller Fiat Ferroviaria ist am IC-Neitech-Konsortium beteiligt. Der Antrieb der ICE T nutzt die Vorteile der Triebzüge gegenüber der mit den ICE 1 und 2 realisierten Triebkopfvariante: Mehr Sitzplätze bei gleicher Zuglänge, Verteilung der Traktionsleistung auf die gesamte Zuglänge und damit niedrigere Haftwertbeanspruchung des Rad-Schiene-Systems. Die Verteilung der bislang nur in die Triebköpfe eingebauten Einrichtungen über den gesamten Zug hat eine weitgehend gleichmäßige Verteilung der Zuglasten auf alle Achsen zur Folge. Gleichzeitig erhielten die ICE T neuartige Neitech-Drehgestelle, bei denen die Fahrmotoren erstmalig komplett innerhalb der Drehgestelle eingebaut werden konnten.

Durch die Neigetechnik sind die Seitenwände der Züge stärker ausgerundet, um das Umgrenzungsprofil nicht zu überschreiten.

Auch das Leitsystem des ICE T ist neu. Kernstück ist der kabelgestützte Zugbus „WireTrainBus“ (WTB). In den Endwagen wurde der WTB über redundante Gateways mit dem Fahrzeugbus nach MVB-Standard gekoppelt (Multifunction Vehicle Bus).

Je drei fest zusammengehörige Wagen bilden ein Basismodul. Sie werden mit Mittel- und Steuerwagen oder mit einem zweiten Basismodul kombiniert. Beispiel für einen siebenteiligen 411 mit zwei Basismodulen und einem zusätzlichen Mittelwagen:

- 411^0 Endwagen, 1. Klasse
- 411^1 Stromrichterwagen, 1./2. Klasse
- 411^2 Fahrmotorwagen, Servicewagen
- 411^8 Mittelwagen, 2. Klasse
- 411^7 Fahrmotorwagen, 2. Klasse
- 411^6 Stromrichterwagen, 2. Klasse
- 411^5 Endwagen, 2. Klasse.

Die Österreichischen Bundesbahnen (ÖBB) übernahmen die drei Züge 411 090 bis 092 der ersten Bauserie und setzten sie als Baureihe 4011 zwischen Wien, Salzburg, Innsbruck, Bregenz, München und Frankfurt [Main] ein. Diese Züge bekamen eine überarbeitete Software. Zudem wurden ein kleiner Mehrzweckbereich mit Ski-Halterungen sowie ein behindertengerechter Bereich eingerichtet. 2020 kamen die Züge zur Deutsche Bahn AG zurück.

2022 waren die Züge der Baureihe 411 in Dortmund beheimatet und unter anderem auf den ICE-Linien 13, 14, 26, 50 und 91 unterwegs. Dabei wurden oft zwei 411 oder ein 411 und ein 415 zu Doppeleinheiten gekuppelt.

Drei Wagen bilden ein Basismodul. Zwei Module werden durch einen Mittelwagen zu einem siebenteiligen Zug verbunden. Stuttgart Hbf war am 2. August 2022 das Ziel des 411 052.

Der Stromrichterwagen 411 176 bietet sowohl Plätze der 1. Klasse als auch der 2. Klasse. Die Aufnahme entstand in Koblenz Hbf.

BAUREIHE 412

Die neueste Generation – der ICE 4

Bei der neuesten ICE-Generation, dem ICE 4, hat sich die Deutsche Bahn zunächst für zwölfteilige Züge mit sechs angetriebenen „Powercars" entschieden. Später kamen noch sieben- und dreizehnteilige Züge hinzu (0812 045, Süßen, 28. März 2022).

Die Triebzüge der Baureihe 412 (ICE 4) bilden derzeit den Abschluss der ICE-Entwicklung bei der Deutschen Bahn. Sie werden die ICE-Züge der Baureihen 403 und 406 unterstützen und die Baureihen 401 und 402 auf lange Sicht ablösen.

Die Fahrzeuge aus dem Hause Siemens folgen einem modularen Konzept mit antriebslosen Steuer- und Mittelwagen sowie angetriebenen Mittelwagen, den sogenannten „Powercars". Daraus lassen sich unterschiedliche Konfigurationen zusammen stellen. Die DB hat sich für sieben-, zwölf- und dreizehnteilige und Züge mit drei, sechs bzw. sieben angetriebenen Wagen entschieden. Insgesamt wurden 137 Züge bestellt.

Die Züge wurden an mehreren Standorten von Siemens und Bombardier hergestellt. Für die Triebdrehgestelle zeichnet das Siemens-Werk in Graz (früher SGP) verantwortlich. Die Laufdrehgestelle kamen von Bombardier in Siegen. Der Rohbau der Stahlwagenkästen wurde bei Bombardier in Görlitz gefertigt. Die Köpfe der Endwagen bestehen aus GfK.

Blick in den Speiseraum des ICE 4. Er hinterlässt mit den beigefarbenen Wänden und den auberginefarbenen Sitzen einen gediegenen Eindruck.

Der Zug 9457 wurde auf den Namen „Bundesrepublik Deutschland“ getauft und bekam einen dreifarbigen Streifen statt des roten. Am 14. Juli 2022 erklimmt er die Geislinger Steige in Richtung München.

Kupplungen hinter den Bugklappen ermöglichen es, Einheiten aus mehreren Zügen zu bilden. Automatische Kurzkupplungen verbinden die Wagen untereinander. Die Faltenbalgübergänge zwischen den Wagen stammen von Hübner aus Kassel.

In die „Powercars“ wurden nicht nur vier Fahrmotoren, sondern auch der Transformator, der Traktionsstromrichter und die Traktionskühlanlage integriert.

Die Drehgestelle sind mit einer aktiven Radsatzsteuerung ausgestattet, die einen optimalen Lauf in Gleisbögen gewährleisten soll. Die elektropneumatische Scheibenbremse wird durch eine generatorische Bremse mit Rückspeisung und eine Magnetschienenbremse ergänzt.

Die Züge bieten unter anderem ein Bordrestaurant, ein Stehbistro, Rollstuhlplätze, Stellplätze für Fahrräder und behindertengerechte Toiletten. An einigen Einstiegstüren sind Hublifte für Rollstühle montiert.

Ab Herbst 2016 wurden die ersten Züge nach einer langen Testphase probeweise im Personenverkehr zwischen München und Hamburg über Stuttgart und Frankfurt [Main] eingesetzt. Im Dezember 2017 begann dann der Planverkehr auf dieser Verbindung. Im November 2020 gingen auf der Linie 10 zwischen Berlin und Köln/Düsseldorf die ersten siebenteiligen Züge an den Start. Dreizehnteilige Einheiten sind für die Linie 42 (Dortmund–Stuttgart–München) und die Linie 20 (Hamburg–Hannover–Frankfurt [Main]–Basel–Schweiz) vorgesehen.

TECHNISCHE DATEN

Länge über Kupplung:
Zug 7-teilig 202.000 mm
Zug 12-teilig 346.000 mm
Endwagen 29.106 mm
Mittelwagen 28.750 mm

Radsatzfolge:
Endwagen 2'2'
Mittelwagen Bo'Bo' oder 2'2'

Treibraddurchmesser:
920 mm

Laufraddurchmesser:
825 mm

Achsstand im Drehgestell:
2.500 mm

Gesamter Achsstand:
22.000 mm

Dienstmasse:
Zug (7-tlg.) 455 t
Zug (12-tlg.) 670 t

Stromsystem: 15 kV~; 16,7 Hz

Leistung: 12 x 825 kW

Höchstgeschwindigkeit:
250 km/h

Indienststellung: seit 2016

Zwischen den Sitzen der offenen Abteile stehen klappbare Tische. Bei Reihenbestuhlung gibt es Klapptische an den Rückenlehnen der vorderen Reihe.

BAUREIHE 415

Der kurze Pendel-ICE

Die fünfteiligen Züge der Baureihe 415 sind für den Einsatz auf weniger frequentierten Strecken und als Verstärkerzüge vorgesehen. Am 20. April 2017 sind zwei 415 als Doppeleinheit bei St. Goarshausen unterwegs.

Auf einigen Strecken kann die Sitzplatzkapazität der Baureihe 411 nicht ausgenutzt werden. Dort kommt die fünfteilige Baureihe 415 zum Einsatz. Die elf Züge wurden gleichzeitig mit den 411 bestellt und 1999 bis 2000 ausgeliefert. Neben ihrem eigenständigen Einsatz fahren sie auch im Zugverband mit der Baureihe 411. Das Basismodul besteht aus einem Endwagen (415^5), einem Stromrichterwagen (415^6) und einem Mittelwagen (415^7). Ein Mittelwagen mit Bistro (415^1) und ein antriebsloser Endwagen (415^0) ergänzen das Basismodul.

Der Wagenkasten ist ohne Spanten und weitgehend spriegellos aus Aluminium-Strangpressprofilen hergestellt. Seitenwände, Dach, Stirnwände und Kopfbereich sind als Baugruppen hergestellt. Automatische Kupplungen verbinden die einzelnen Wagen miteinander. An den Stirnseiten sind die Kupplungen unter Bugklappen versteckt. Die Drehgestelle mit Schraubenfederung von Alstom Ferrovia wurden weitgehend von den italienischen „Pendolino“-Zügen übernommen. Sie bestehen aus einem geschweißten doppelten H-Rahmen aus Rohr- und Kastenträgern.

Wie die meisten ICE T trägt auch der 415 023 „Hansestadt Greifswald“ einen grünen Streifen an den Enden. Am 23. April 2020 verlässt der Zug Dresden Hbf.

Der 415 021 „Homburg/Saar" fährt am 23. November 2016 als ICE 1555 von Frankfurt [Main] Hbf nach Dresden Hbf, hier am Abzweig Zeithain Bogendreieck.

Die Antriebsmotoren hängen in der Nähe der Drehgestelle unter dem Wagenkasten und übertragen ihr Drehmoment über Gelenkwellen auf die benachbarten Radsätze. Im Gegensatz zu den Vorgängermodellen konnte die Neigetechnik komplett in den Drehgestellen untergebracht werden. Sie erlaubt eine Neigung der Wagenkästen um 8° nach rechts und links. Eine generatorische Bremse wandelt die beim Bremsen frei gewordene Energie über die Fahrmotoren in elektrische Energie um und speist sie in die Oberleitung zurück. Diese Bremse wird von einer Magnetschienenbremse und einer Scheibenbremse unterstützt.

Im holzbetonten Innenraum stehen den Reisenden in der 1. Klasse Ledersitze zur Verfügung. In der 2. Klasse sind die Sitze mit Velours bezogen. Audio- und Video-Programme gehören in der 1. Klasse ebenso zum Standard wie Steckdosen an den Sitzplätzen und die Möglichkeit, Mobiltelefone zu nutzen. Einen besonderen Ausblick bietet die Lounge hinter dem Cockpit. Von dort können Reisende durch eine Glaswand nach vorn aus dem Zug schauen. Für Rollstuhlfahrer steht eine behindertengerechte Toilette zur Verfügung, außerdem wurden Stellplätze für Rollstühle freigehalten. Der Bistrowagen entspricht dem des ICE 3, allerdings wurde der Restaurantbereich durch Sitzplätze und das Kleinkindabteil ersetzt.

Für den Schweiz-Einsatz haben die Wagen 415 080 bis 415 084 einen SBB-Stromabnehmer mit schmalem Schleifstück. Weil die kurzen Züge zu wenig Platz boten, wurden sie um zwei Mittelwagen aus Zügen der Baureihe 411 erweitert und in die Baureihe 411 umgezeichnet. Die verkürzten 411 wurden im Gegenzug als 415 eingereiht.

TECHNISCHE DATEN

Länge über Kupplung:
Zug 5-teilig 132.600 mm
Endwagen 27.450 mm
Mittelwagen 25.900 mm

Radsatzfolge:
2'2'+(1A)'(A1)'+(1A)'(A1)'+(1A)'(A1)'+2'2'

Treibraddurchmesser:
890 mm

Achsstand im Drehgestell:
2.700 mm

Gesamter Achsstand:
21.700 mm

Dienstmasse: Zug 273 t

Radsatzfahrmasse: 16,6 t

Höchstgeschwindigkeit:
230 km/h

Leistung: 6 x 500 kW

Motorbauart:
Drehstrom-Asynchronmotor

Antrieb: Gelenkwelle mit Stirnradgetriebe

Stromsystem: 15 kV~/16,7 Hz

Indienststellung: 1999–2001

Im 415 101 sind außer dem Bistro auch noch acht Sitzplätze der 1. Klasse und ein Kleinkindabteil zu finden.

Doppelstöckig im Fernverkehr

2019 kaufte DB Fernverkehr für das IC-Netz 17 gebrauchte Doppelstock-Triebwagen vom Typ KISS von der österreichischen Westbahn. Am 21. November 2022 fährt der 4010 102 als IC 185 aus Böblingen aus.

Für das deutsche IC-Netz kaufte DB Fernverkehr 2019 gebrauchte Stadler Doppelstocktriebzüge des Typs KISS Baureihen 4010 (sechsteilig) und 4110 (vierteilig) von der österreichischen Westbahn.

Die aus Aluminium in Leichtbau-Integralbauweise gefertigten Aufbauten lagern über Luftfedern auf den zweiachsigen Drehgestellen. Um in Deutschland eingesetzt werden zu können, müssen die Aufbauten im seitlichen Dachbereich eingezogen werden, um das Profil nicht zu überschreiten.

Angetrieben sind alle vier Radsätze der Endwagen. Die Mittelwagen haben keinen Antrieb. Die Antriebsausrüstung wurde mit wassergekühlten IGBT-Stromrichtern ausgestattet. Für die Fahrzeugleittechnik stehen der Zugbus und ein Diagnoserechner zur Verfügung. Die Höchstgeschwindigkeit lag zunächst bei 160 km/h. Im Januar 2022 erlaubte die Europäische Eisenbahnagentur eine (Wieder-)Zulassung für den Betrieb mit 200 km/h in Deutschland und Österreich.

Zur Versorgung der Fahrgäste mit Speisen und Getränken gibt es in einem Mittelwagen einen Bistrobereich.

Die vierteiligen 4110 haben im Gegensatz zur sechsteiligen Baureihe 4010 nur einflügelige Einstiegstüren (4110 112, Böblingen, 13. September 2021).

Klimaanlagen und Flächenheizungen sollen in den Innenräumen und Führerständen für ein angenehmes Klima sorgen.

Um die Reisenden mit Speisen und Getränken versorgen zu können, ist in einigen Mittelwagen ein Bistro vorhanden. Die Fahrgast-Großräume sind mit offenen Abteilen oder Reihenbestuhlung eingerichtet. Es gibt normale und behindertenfreundlich eingerichtete, geschlossene Toilettensysteme. Fahrgastinformationssysteme und WLAN liefern den Fahrgästen gewünschte Informationen. Die Züge sind mit einer Fahrzeugleittechnik mit Zugbus und Diagnoserechner (CAN-open Bus) ausgestattet.

Insgesamt übernahm die Deutsche Bahn AG acht Sechsteiler und neun Vierteiler und bereits im Februar 2020 wurde erste Zug im weißen IC-Anstrich in Berlin Hauptbahnhof präsentiert. Die Züge sind in der Schweiz registriert.

Zuerst kamen die Vierteiler, die seit Frühjahr 2020 zwischen Dresden–Berlin–Rostock und Wien–Nürnberg–Berlin–Rostock eingesetzt werden. Inzwischen wurde Stadler beauftragt, die Züge um zwei Zwischenwagen zu verlängern.

Die acht sechsteiligen Einheiten kamen im Frühjahr 2022 zur Anpassung nach Deutschland. Sie sind seit Dezember 2022 auf der Strecke zwischen Stuttgart und Zürich unterwegs. Im November 2022 fand dazu ein erster planmäßiger Probebetrieb statt.

TECHNISCHE DATEN

Länge über Kupplung:
Zug 4-teilig 100.360 mm
Zug 6-teilig 150.000 mm

Radsatzfolge:
Bo'Bo'+2'2'+2'2'+Bo'Bo'
Bo'Bo'+2'2'+2'2'+2'2'+2'2'+Bo'Bo'

Treibraddurchmesser: 920 mm

Achsstand im Drehgestell: 2.500 mm

Dienstmasse: Zug 211 t

Höchstgeschwindigkeit: 200 km/h

Leistung: 4.000 kW

Motorbauart: Drehstrom-Asynchronmotor

Antrieb: Gelenkwelle mit Stirnradgetriebe

Anfahrzugkraft: 320 kN

Stromsystem: 15 kV~/16,7 Hz

Indienststellung: 2020

Die Fahrgast-Großräume sind mit offenen Abteilen und Reihenbestuhlung eingerichtet.

BAUREIHE 420

S-Bahn-Triebwagen aus den 70ern

Die S-Bahn-Triebwagen der Baureihe 420 sind nur noch in Düsseldorf, München und Köln anzutreffen. Aus den anderen S-Bahn-Netzen sind sie verschwunden (420 467, München-Heimeranplatz, 11. April 2018).

Die Baureihe 420 war lange Zeit in München und Stuttgart sowie dem Rhein-Main- und Rhein-Ruhr-Gebiet nicht wegzudenken. Sie wurde ursprünglich für das 1972 in München eingerichtete S-Bahn-Netz konzipiert. Von 1969 bis 1997 lieferte die Industrie fast 480 Züge, deren Endwagen die Nummern 420 001/501 bis 390/890 und 400/900 bis 489/989 erhielten, während die Mittelwagen als 421 001 bis 390 und 400 bis 498 eingereiht wurden.

Die Kästen sind in Aluminiumleichtbauweise erstellt, bei der ersten Bauserie teilweise auch in Stahlleichtbauweise. Sie bilden zusammen mit dem Untergestell eine selbsttragende Röhrenkonstruktion. Die unter allen Wagen angeordneten Bodenwannen tragen die elektrischen Aggregate. Zwischen den einzelnen Wagen gibt es keine Übergangsmöglichkeit.

Niveaugeregelte Luftfederungen tragen die Aufbauten, die Radsätze sind schraubengefedert. Die Fahrzeuge einer Garnitur sind über Kurzkupplungen und Dämpfungspuffer miteinander verbunden, während an den Zugenden automatische Scharfenbergkupplungen vorhanden sind.

Die Innenräume der 420 wurden durch Umbauten inzwischen an die der neueren S-Bahn-Baureihen 423 und 430 angeglichen.

Alle noch eingesetzten Wagen stammen aus der letzten Lieferserie mit Schwenkschiebetüren. 420 967 hält am 9. Dezember 2017 in München Hbf.

Der Einholmstromabnehmer leitet die Fahrdraht-Spannung über einen Transformator zu den Fahrmotoren. Alle Radsätze sind angetrieben, sodass die Fahrzeuge zügig beschleunigen können. Sifa, Indusi und Zugbahnfunk gehören zur Standardausstattung. Vielfachtraktion wird in allen Einsatzgebieten praktiziert.

Die Fahrgasträume der zweiten Klasse weisen eine 2+2-Bestuhlung mit 179 Plätzen auf. Die 1. Klasse bietet weitere 17 Plätze. In München wurden diese als 2. Klasse mitgenutzt, weil die 1. Klasse dort entfiel. Ab 1995 wurden die Innenräume der Züge modernisiert und mit stoffbezogenen Sitzen ausgestattet.

Mit den Zügen 400 und 416 wurde im Herbst 2005 der „ET 420 plus" vorgestellt. Die Inneneinrichtung dieser modernisierten Wagen lehnt sich an die Baureihe 423 an. Die Züge bekamen neue Fenster und eine Klimaanlage. Beide Züge waren 2022 noch vorhanden.

Seit Dezember 2014 fahren in München wieder Triebwagen der Baureihe 420. Sie werden als Verstärker auf den Linien S 2, S 4 und S 20 eingesetzt. 2022 waren von den über vierzig Zügen etwa die Hälfte zurückgestellt. Auch in Düsseldorf und in Köln-Nippes waren die roten Züge noch beheimatet.

TECHNISCHE DATEN

Länge über Kupplung:
Zug 67.400 mm
Endwagen 23.300 mm
Mittelwagen 20.800 mm

Radsatzfolge:
Bo'Bo'+Bo'Bo'+Bo'Bo'

Treibraddurchmesser:
850 mm

Achsstand im Drehgestell:
2.500 mm

Gesamter Achsstand:
Endwagen 19.000 mm
Mittelwagen 16.500 mm

Dienstmasse: Zug
129 [1]; 149 t

Radsatzfahrmasse: 16 t

Höchstgeschwindigkeit:
120 km/h

Leistung: 12 x 200 kW

Motorbauart: 4-poliger Mischstrommotor

Antrieb: Tatzlager

Stromsystem: 15 kV~/16,7 Hz

Indienststellung:
1969–1981; 1990–1997

[1] ab Zug 131 (Endwagen in Alubauweise)

Im Sommer 2022 waren in Köln noch zehn Triebwagen beheimatet, die nur noch bedarfsweise genutzt wurden. Am 4. Oktober 2022 wartet der 420 487 in Köln Hbf.

Die S-Bahn-Triebwagen der Baureihe 422 sind eine Weiterentwicklung der Baureihe 423. Äußerlich fallen die neuen Crash-Fronten und das neue Design auf.

BAUREIHE 422

Rhein-Ruhr-S-Bahn

Mit der Baureihe 422 nahm die DB AG ab 2008 den ersten Nachfolger der S-Bahn-Baureihe 423 in Dienst. Der Auftrag ging 2005 an Alstom/Bombardier und umfasste ein Volumen von knapp 400 Millionen Euro. Zwischen März 2008 und Oktober 2010 wurden 84 vierteilige Züge ausgeliefert. Bombardier fertigte 26 Züge in Hennigsdorf, die übrigen Züge kamen von Alstom aus Salzgitter.

Technisch ähneln die Züge stark der Baureihe 423. So wurde wieder ein Laufwerk mit zwei Enddrehgestellen und drei Jakobsdrehgestellen gewählt. Im Gegensatz zum 423 bekommen die nicht angetriebenen Jakobsdrehgestelle neben der Radscheibenbremse eine Magnetschienenbremse. Die Bremssteuerung wurde auf den neuesten Stand gebracht.

Die Wagenkästen sind aus Aluminiumprofilen in Leichtbauweise hergestellt und an den Kopfseiten um eine Frontpartie ergänzt, die nach den aktuellen Vorgaben zur Verminderung von Schäden bei Unfällen entwickelt wurde. Als Einstiege sind auf beiden Seiten des Triebwagens je zwölf doppelflügelige Schiebetüren angeordnet. Sie sind breiter als bei

Der Innenraum der komplett begehbaren Züge ist mit offenen Abteilen mit je vier Plätzen ausgestattet.

Nachdem der Verkehrsverbund Rhein-Ruhr die meisten Triebwagen von der DB übernommen hatte, bekamen sie einen neuen grau/grünen Anstrich. 422 037 fährt am 4. April 2020 aus Essen Hbf aus.

der Baureihe 423, um einen schnelleren Fahrgastwechsel zu ermöglichen. Die beiden Endführerräume können durch Drehtüren von außen oder vom angrenzenden Fahrgastraum aus betreten werden.

Wie bei den Vorgängern wurde die elektrische Einrichtung unter dem Wagenboden und auf dem Dach eingebaut. Damit konnte der Fußboden durchgehend eben ausgeführt werden. Über den Einholmstromabnehmer gelangt die elektrische Energie zu den beiden Transformatoren und weiter zu den Fahrmotoren. Von dort wird die Leistung über einen teilabgefederten Querantrieb auf die Radsätze übertragen. Die Bordelektronik wurde um die Bombardier-Fahrzeugsteuerung (MITRAC) und das neue Zugbeeinflussungssystem EBI Cab 500 PZB ergänzt.

Der Innenraum ist mit offenen Vis-à-vis-Abteilen und großen Stehflächen an den Einstiegsräumen gestaltet. Wie die Baureihe 440 bekamen die 422 die neuen, bequemeren Sitze der Firma Grammer. Die 1. Klasse ist hinter den beiden Führerräumen zu finden. Auf Toiletten wurde verzichtet. Fahrziel- und Stationsanzeigen sowie eine Lautsprecheranlage vervollständigen die Ausstattung.

Die Triebzüge wurden auch 2022 nur im S-Bahn-Betrieb im Rhein-Ruhr-Gebiet eingesetzt. Dazu waren sie in Essen und Düsseldorf beheimatet. Dort haben sie lokbespannte Züge sowie ältere S-Bahn-Triebwagen der Baureihe 420 abgelöst. Einige Städte haben Patenschaften für Triebzüge der Baureihe 422 übernommen. Diese Züge wurden getauft und an den Endwagen der Namen der Stadt und das Stadtwappen angebracht.

TECHNISCHE DATEN

Länge über Kupplung: Zug 69.432 mm

Radsatzfolge: Bo'Bo'2'Bo'Bo'

Achsstand im Drehgestell: Enddrehgestelle 2.200 mm Jakobsdrehgest. 2.700 mm

Dienstmasse: Zug 108 t

Radsatzfahrmasse: 18 t

Höchstgeschwindigkeit: 140 km/h

Leistung: 8 x 293,75 kW

Motorbauart: Drehstrom-Asynchronmotor

Antrieb: Querantrieb, zweistufiges Getriebe

Stromsystem: 15 kV~/16,7 Hz

Indienststellung: 2008–2010

Blick in den Führerraum eines 422 mit Führertisch und individuell einstellbarem Sitz.

BAUREIHE 423

Der Nachfolger der Baureihe 420

Im Großraum Stuttgart sind inzwischen viele 423 im neuen S-Bahn-Design anzutreffen. Dazu gehört auch der 423 811, der am 10. August 2022 bei Tamm unterwegs ist.

Ende der 1990er-Jahre mussten die ersten S-Bahn-Züge der Baureihe 420 ersetzt werden. Die DB entschied sich für eine vollständige Neukonstruktion in Form der Baureihe 423/433. Als Randbedingung war unter anderem die vorhandene Infrastruktur zu beachten, z. B. die Bahnsteiglängen und -höhen. Zunächst bestellte die DB bei Adtranz und LHB in Salzgitter 190 Triebwagen, die ab 1998 ausgeliefert wurden. Während den Endwagen die Bauartnummern 423^0 und 423^5 zugewiesen wurden, bekamen die ebenfalls angetriebenen Mittelteile die Baureihennummern 433^0 und 433^5.

Jakobsdrehgestelle und Stirnübergänge verbinden die einzelnen Elemente der vierteiligen Züge miteinander. So können sich die Fahrgäste über den gesamten Zug verteilen. Die geschweißten Wagenkästen sind in Alu-Leichtbauweise aus Groß-Strangpressprofilen hergestellt. Pro Zugteil und Seite ermöglichen drei große, doppelflügelige Schiebetüren mit Türschließautomatik den zügigen Fahrgastwechsel. Die beiden separaten Endführerräume sind durch Drehtüren von außen oder vom angrenzenden Fahrgastraum aus zugänglich.

Auch im Großraum Frankfurt [Main] sind Züge der Baureihe 423 unterwegs. Hier haben sie einen blau/türkisfarbenen Streifen über den Fenstern.

Mit einer ganz besonderen „Werbung" ist der 423 551 in Köln unterwegs. Auf der S 19 fährt er am 30. September 2022 nach Sindorf.

Luftfedern ohne direkte Wiege verbinden die Wagenkästen mit den Drehgestellen. Die Enddrehgestelle weisen einen Achsstand von 2.200 mm auf, bei den mittleren Jakobsdrehgestellen beträgt er 2.700 mm. Die Primärfederung erfolgt über Gummischichtfedern. Beschleunigungs- und Bremskräfte werden über eine Tiefanlenkung übertragen.

Die elektrische Ausrüstung konnte vollständig unter dem Wagenkasten und auf dem Dach angeordnet werden. Der Einholmstromabnehmer der Bauart DSA 350 SEK befindet sich in der Mitte der Züge. Jeweils zwei Zugteile sind mit einem eigenen Transformator ausgestattet, der die Energie an die Drehstrom-Asynchronmotoren mit Tatzlagerantrieb weiterleitet. Die Züge haben ein Fahrgastinformationssystem (FIS), das das Fahrziel und die nächste Haltestelle anzeigt sowie die nächste Haltestelle und die Seite des Ausstiegs ansagt.

Der Innenraum besteht aus einem durchgehenden Großraum 2. Klasse mit einer Trenntür in der Zugmitte und zwei 1.-Klasse-Abteilen hinter den Führerräumen. Die S-Bahn München verzichtete auf die 1. Klasse.

Die offenen Abteile haben eine 2+2-Sitzanordnung mit gepolsterten Sitzen, Kopflehnen und Gepäckablagen über den Fenstern. Wie bei S-Bahn-Zügen üblich, haben die Fahrzeuge keine Toiletten. Luftbehandlungsgeräte sollen für ein angenehmes Klima im Inneren sorgen.

Die Triebwagen werden als Kurz- (1 Zug), Voll- (2 Züge) und Langzüge (3 Züge) eingesetzt. Sie sind in Stuttgart auf den Linien S 4, S 5, S 6, S 60 und S 62 teilweise schon im neuen grau/schwarzen Anstrich unterwegs. In Köln sind sie auf den Linien S 11, S 12 und S 19, in München – hier einige Züge mit Vollwerbung – auf allen Linien und im Rhein-Main-Gebiet auf den Linien S 2 bis S 6 und im Rhein-Ruhr-Gebiet zu finden.

Inzwischen wurden die Stuttgarter Züge einem Redesign unterzogen und dabei an die Baureihe 430 angepasst. Versuchsweise sind einige Wagen mit WLAN-Zugang unterwegs. Auch die Münchner Wagen wurden inzwischen überarbeitet. Der neuste von ihnen ist seit November 2021 im Einsatz. In München sind die S-Bahn-Züge nur mit der zweiten Klasse unterwegs.

TECHNISCHE DATEN

Länge über Kupplung:
Zug 67.400 mm
Endwagen 18.245 mm
Mittelwagen 15.505 mm

Radsatzfolge: Bo'Bo'2'Bo'Bo'

Treibraddurchmesser:
850 mm

Achsstand im Drehgestell:
Enddrehgestelle 2.200 mm
Jakobsdrehgest. 2.700 mm

Gesamter Achsstand:
Endwagen 17.820 mm
Mittelwagen 18.205 mm

Dienstmasse: Zug 108 t

Radsatzfahrmasse: 18 t

Höchstgeschwindigkeit:
140 km/h

Leistung: 8 x 293,75 kW

Motorbauart:
Drehstrom-Asynchronmotor

Antrieb: Stirnradgetriebe,
Keilpaketkupplung

Stromsystem: 15 kV~/16,7 Hz

Indienststellung: 1998–2007

Die Triebwagen der Baureihen 422 bis 433 haben Jakobsdrehgestelle, auf denen die Enden von je zwei Wagenkästen aufliegen. Sie wurden mit und ohne Antrieb unter den Wagen verwendet.

In Köln und München zu Hause

Auch bei den Fahrzeugen der Baureihe 424 sind Züge mit Vollwerbung unterwegs, die ein recht buntes Bild abgeben.

Für die unterschiedlichen Ballungsgebiete beschaffte die DB S-Bahn-Züge, die speziell auf die jeweiligen Betriebsbedingungen zugeschnitten sind. So entstand neben der Baureihe 423, die in mehreren S-Bahn-Netzen eingesetzt wird, eine eigene Baureihe für Hannover. Sie wird in den Listen der DB als Baureihe 424/434 geführt. Ihr entscheidender Unterschied ist die geringere Zahl von Einstiegstüren und die Einstiegshöhe von nur 798 mm über der Schienenoberkante (SO). Von Bahnsteigen, die nur 760 mm über SO liegen, sind diese Wagen über automatische Trittstufen zu erreichen.

Im Gegensatz zur Baureihe 423 haben die 424 nur acht doppelflügelige Schiebetüren auf jeder Wagenseite. Diese haben eine lichte Öffnungsweite von 1.200 mm oder 1.300 mm. Außerdem sind unter den Türen bewegliche Trittstufen montiert.

Sie sind in Aluminium-Integralbauweise aus Strangpressprofilen gefertigt. Allerdings sind sie nur 2.840 mm breit statt der sonst üblichen 3.020 mm. Jede Wagenseite verfügt über zwei zweiflügelige Schwenkschiebetüren mit einer Klapptrittstufe. Die festen Fenster sind tiefer angeordnet als bei der Baureihe 423.

Wegen der geringeren Fußbodenhöhe mussten die elektrischen Einrichtungen neu konstruiert werden. Dabei ergaben sich so große Abweichungen, dass die Züge mit der Baureihe 423 nur mechanisch (über eine automatische Scharfenbergkupplung), nicht aber elektrisch gekuppelt werden können.

Auf dem Dach eines Mittelwagens befindet sich ein Einholmstromabnehmer der Bauart DSA 350 SEK. Außerdem sind hier die Aggregate der Klimaanlage zu finden. Ein 32-bit-Mikroprozessor übernimmt die Steuerung der Fahrzeuge.

Die Innenräume sind als durchgängige Großräume mit Faltenbalgübergängen zwischen den Wagenteilen ausgeführt. Die offenen Abteile sind mit Vis-à-vis-Bestuhlung ausgestattet. An den Wagenenden wurden Mehrzweckräume mit Klappsitzen und die 1.-Klasse-Abteile angeordnet. Im Endwagen 1 ist eine behindertengerechte Vakuum-Toilette untergebracht. Insgesamt stehen den Reisenden 206 Sitzplätze zur Verfügung, 24 davon entfallen auf die 1. Klasse. 152 Sitze der 2. Klasse sind fest montiert, 30 als Klappsitze ausgeführt.

Alle 40 Triebwagen wurden zunächst in Hannover im S-Bahn-Verkehr eingesetzt. Ursprünglich sollten sie zur EXPO 2000 in Betrieb gehen. Die Transformatoren verursachten aber Störungen an der Signal- und Sicherungstechnik. Dies lag an der kompakteren Bauweise als bei der Baureihe 423. Als Abhilfe mussten diese Transformatoren mit Scheibenwicklungen gegen solche mit Röhrenwicklung ausgetauscht werden.

22 Züge wurden nach Städten und Gemeinden im S-Bahn-Bereich Hannover benannt und mit den Namen und Wappen beklebt.

Im Sommer 2018 verlor die Deutsche Bahn die Betriebsführung an das Eisenbahnverkehrsunternehmen SBH – S-Bahn Hannover und die Züge der Baureihe 424 schieden aus dem dortigen Dienst aus.

Die S-Bahn München übernahm 16 Wagen und setzt sie nach einer Modernisierung mit neuem Fahrgastinformationssystem seit Dezember 2023 als Pendelzüge auf der Linie S 2 zwischen Dachau und Altomünster, als Verstärker auf der Linie S 4 zwischen Geltendorf/Buchenau und Hauptbahnhof und auf der Linie S 20 zwischen Höllriegelskreuth und Pasing/Grafrath ein.

In Köln sollen 24 Fahrzeuge die Triebwagen der Baureihe 420 auf der Linie S 12 ersetzen. Auch sie bekommen ein Redesign.

Die Triebwagen der Baureihe 424 fuhren zunächst ausschließlich im Großraum Hannover, weil hier eine Bahnsteighöhe von 760 mm überwiegt, an die die Züge angepasst sind. 2022 waren die Züge zwar in Köln und München stationiert, aber nicht im Einsatz.

TECHNISCHE DATEN

Länge über Kupplung:
Zug 67.500 mm
Endwagen 18.245 mm
Mittelwagen 15.505 mm

Radsatzfolge: Bo'Bo'2'Bo'Bo'

Treibraddurchmesser:
850 mm

Achsstand im Drehgestell:
Enddrehgestelle 2.200 mm
Jakobsdrehgest. 2.700 mm

Gesamter Achsstand:
Endwagen 17.820 mm
Mittelwagen 18.205 mm

Dienstmasse: Zug 108 t

Radsatzfahrmasse: 18 t

Höchstgeschwindigkeit:
140 km/h

Leistung: 8 x 293,75 kW

Motorbauart:
Drehstrom-Asynchronmotor

Antrieb: Stirnradgetriebe,
Keilpaketkupplung

Stromsystem: 15 kV~/16,7 Hz

Indienststellung: 2001–2002

BAUREIHE 425

Für den Regional-Verkehr

425 047 stammt aus der ersten Bauserie und hat feste Trittstufen. Er gehört zu DB Regio Bayern und ist am 10. Juli 2015 bei Würzburg unterwegs.

Die dritte Baureihe der neuen elektrischen Triebwagen ist für den Regionalverkehr vorgesehen und weist entsprechende Merkmale in Aufbau und Gestaltung auf. So wurde die Anzahl der Türen verringert, eine Toilette eingebaut und die Höchstgeschwindigkeit der Züge auf 160 km/h erhöht. Die Fußbodenhöhe beträgt in den Fahrgasträumen 798 mm. An den Türen befinden sich 580 mm hohe, feste Trittstufen.

Die Endwagen haben am Ende einen geschlossenen Führerraum, der sowohl von den Längsseiten als auch vom Fahrgastraum aus betreten werden kann. Die Seitenfenster sind fest mit dem Wagenkasten verbunden. Bei wenigen Fenstern kann das Oberteil nach innen geklappt werden.

Luftgefederte Drehgestelle sollen für einen ruhigen Lauf sorgen. Die inneren Jakobsdrehgestelle tragen je zwei Wagenkästen und stellen somit die Verbindung zwischen den einzelnen Wagenteilen her. Die Übergänge werden durch Faltenbälge gesichert. An den Stirnseiten der Endwagen befinden sich Kupplungen der Bauart Scharfenberg, mit denen mehrere Triebwagen mechanisch und elektrisch zu einer Einheit gekuppelt werden können.

425 205 ist für die S-Bahn Rhein-Neckar im Einsatz und dafür in Ludwigshafen beheimatet. Am Abend des 11. November 2018 beginnt seine Fahrt in Karlsruhe.

425 801 war im Sommer 2020 für die Abellio GmbH unterwegs. Am 26. August 2020 steht er in Tübingen Hbf.

TECHNISCHE DATEN

Länge über Kupplung:
Zug 67.500 mm
Endwagen 18.245 mm
Mittelwagen 15.505 mm

Radsatzfolge: Bo'Bo'2'Bo'Bo'

Treibraddurchmesser:
850 mm

Achsstand im Drehgestell:
Enddrehgestelle 2.200 mm
Jakobsdrehgest. 2.700 mm

Gesamter Achsstand:
Endwagen 17.820 mm
Mittelwagen 18.205 mm

Dienstmasse: Zug 111 t

Radsatzfahrmasse: 18 t

Höchstgeschwindigkeit:
140; 160 [1] km/h

Leistung: 8 x 293,75 kW

Motorbauart:
Drehstrom-Asynchronmotor

Antrieb: Stirnradgetriebe,
Keilpaketkupplung

Stromsystem: 15 kV~/16,7 Hz

Indienststellung: 2001–2005

[1] mit LZB

Für den Antrieb sorgen schnell laufende Asynchron-Fahrmotoren. Sie verfügen über einen modifizierten Tatzlagerantrieb und übertragen ihr Drehmoment über eine Gummikupplung auf ein zweistufiges Getriebe und weiter auf die Radsätze. Sämtliche Aggregate der elektrischen Ausrüstung sind unterflur angeordnet. Die Rückkühler der Klimaanlage befinden sich auf dem Wagendach. Über Wärmetauscher kann die Abwärme der Fahrmotoren und der Stromrichter zum Heizen genutzt werden. Die LZB ermöglicht den Einsatz der Wagen bis 160 km/h. Über eine Lautsprecheranlage und Matrixanzeigen werden Informationen an die Reisenden weitergegeben.

Der Großraum hat offene Vis-à-vis-Abteile mit festen Sitzen. Über den Fenstern befinden sich Längsgepäckablagen. In einem Mehrzweckraum ist eine Vakuum-Toilette untergebracht.

Weil die Wagen großflächig unterwegs sind, gibt es mehrere Untervarianten. So haben 425 001 bis 425 156 feste Stufen. Außerdem haben sie an den ersten und letzten Türen einen Hublift. 44 Züge wurden mit Magnetschienenbremsen ausgestattet. 425 150 bis 425 155 haben Varitrittstufen, um auch an niedrigeren Bahnsteigen halten zu können. Sie werden im Raum Hannover eingesetzt. 425 201 bis 425 240 sind auf allen Linien der S-Bahn Rhein-Neckar im Einsatz. Sie haben Sitze mit Armlehnen, eine Fußbodenhöhe von 780 Millimetern und Klapptritte.

Inzwischen wurden auch die ersten Wagen der Baureihe 425 einem Redesign unterzogen und dabei je nach Einsatzgebiet unterschiedlich ausgestattet. Als „425 Plus“ werden Wagen bezeichnet, die auf der Linie RE 11 zwischen Düsseldorf und Kassel-Wilhelmshöhe unterwegs sind.

Die 425 können in Mehrfachtraktion mit weiteren 425 oder mit der Baureihe 426 eingesetzt werden. 425 076 verlässt am 20. August 2019 Graben-Neudorf.

BAUREIHE 426^0

Der kurze RegionalBahn-Triebwagen

Die zweiteiligen Züge der Baureihe 426 sind für den Einsatz auf wenig frequentierten Strecken gedacht. 426 013 fährt am 1. Oktober 2021 durch Esslingen am Neckar.

TECHNISCHE DATEN

- Länge über Kupplung: Zug 36.490 mm, Endwagen 18.245 mm
- Radsatzfolge: Bo'2'Bo'
- Treibraddurchmesser: 850 mm
- Achsstand im Drehgestell: Enddrehgestelle 2.200 mm, Jakobsdrehgest. 2.700 mm
- Gesamter Achsstand: 18.205 mm
- Dienstmasse: Zug 63,2 t
- Radsatzfahrmasse: 18 t
- Höchstgeschwindigkeit: 140; 160 [1)] km/h
- Leistung: 4 x 293,75 kW
- Motorbauart: Drehstrom-Asynchronmotor
- Antrieb: Stirnradgetriebe, Keilpaketkupplung
- Stromsystem: 15 kV~/16,7 Hz
- Indienststellung: 2001–2002

1) mit LZB

Für schwächer frequentierte Regionalstrecken beschaffte die DB ab 1999 eine zweiteilige Variante der Baureihe 425. Die Baureihe 426 entstand in Zusammenarbeit zwischen Adtranz, Siemens und der DB. Bombardier-DWA zeichnete für den wagenbaulichen Teil verantwortlich. Wie bei allen Triebwagen der Baureihen 423 bis 426 trägt ein Teil die Betriebsnummer 426^0, der andere hat die Nummer 426^5.

Der zweiteilige Triebwagen besteht aus fast baugleichen Hälften, die über ein Jakobsdrehgestell und einen Übergang für die Reisenden miteinander verbunden sind. Für die Wagenkästen wurden Aluminium-Strangpressprofile in Leichtbauweise verwendet. Die Köpfe der Führerstände sind aus glasfaserverstärktem Kunststoff gefertigt und mit den Kästen verschraubt und verklebt. Die Doppelschiebetüren haben ein Warnsystem und eine Türschließanlage. Die Seitenfenster können nicht geöffnet werden.

Drei luftgefederte Drehgestelle sollen für einen ruhigen Lauf sorgen. In der Mitte stützen sich beide Wagenkästen auf das tief angelenkte, antriebslose Jakobsdrehgestell. An den Stirnseiten befinden sich Kupplungen der Bauart Scharfenberg, mit denen mehrere Triebwagen zu einer Einheit

Die blauen 426 der Bodensee-Oberschwaben-Bahn sind überwiegend zwischen Aulendorf und Friedrichshafen unterwegs (426 038, Niederbiegen, 31. Dezember 2022).

Oft werden die 426 auch zusammen mit Zügen der Baureihe 425 eingesetzt. Weil sich beide Baureihen bis auf die Mittelwagen nicht unterscheiden, können sie zusammen von einem Führerstand aus gesteuert werden. So ist 426 504 mit einem 425 am 26. Mai 2020 bei Tamm unterwegs.

gekuppelt werden können. Durch die Mehrfachsteuerung lassen sich alle Wagen von einem Führerstand aus steuern. Die Fahrzeuge können auch gemeinsam mit den Triebwagen der Baureihe 425 eingesetzt werden.

Die flüssigkeitsgekühlten Asynchron-Fahrmotoren mit modifiziertem Tatzlagerantrieb übertragen ihr Drehmoment über eine Gummikupplung auf ein Getriebe und auf die Radsätze. Die extra flach ausgeführten elektrischen Aggregate wie Transformatoren oder Stromrichter sind unterflur angeordnet. Die Kühler der Klimaanlage befinden sich auf dem Dach. Ein Einholmstromabnehmer der Bauart DSA 350 SEK versorgt den Zug mit elektrischer Energie aus der Oberleitung. Über eine Lautsprecheranlage und Matrixanzeigen können Informationen an die Reisenden weitergegeben werden.

Im Großraum befinden sich offene Abteile mit stoffbezogenen Sitzen in Vis-à-vis-Anordnung. Über den Fenstern sind Längsgepäckablagen montiert. Am vorderen Ende des 426^{0} ist ein 1.-Klasse-Abteil zu finden. Wie beim 425 ist auch in den 426 eine Toilette vorhanden.

Die 42 Triebwagen sind auf wenig frequentierten Strecken oder in Tagesrandlagen von den Werken Essen, München, Plochingen und Würzburg aus unterwegs. Der Zug 426 011/511 ist nach einem Unfall im April 2004 in Süßen aus dem Betriebsbestand ausgeschieden und wurde verschrottet. 426 018/518 hatte am 30. Dezember 2016 bei Landesbergen einen Unfall und wurde ebenfalls aus dem Bestand gestrichen.

2022 waren neben den DB-Fahrzeugen auch einige für private Unternehmen unterwegs. So nutzte die WEG vier Züge auf der Schönbuchbahn. Die BOB setzte acht Zweiteiler auf der „Geißbockbahn“ zwischen Friedrichshafen und Aulendorf ein.

426 524 wird von der WEG auf der Schönbuchbahn zwischen Böblingen und Dettenhausen genutzt. Am 13. Januar 2022 hat er den Haltepunkt Böblingen Heusteigstraße verlassen.

BAUREIHE 426[1]–429

Der FLIRT von Stadler Rail

Die Züge der in Frankfurt [Main] ansässigen VIAS GmbH kommen auf der Rheingau-Linie bis Neuwied. Die Aufnahme zeigt den 427 150 in Neuwied.

TECHNISCHE DATEN (426)

- Länge über Kupplung: Zug 42.066 mm
- Radsatzfolge: Bo'2'2'
- Treibraddurchmesser: 860 mm
- Laufraddurchmesser: 750 mm
- Achsstand im Drehgestell: 2.700 mm
- Dienstmasse: Zug 76 t
- Höchstgeschwindigkeit: 140 km/h
- Leistung: 1.000 kW
- Stromsystem: 15 kV~/16,7 Hz
- Indienststellung: seit 2006

Um auf dem internationalen Markt für leichte Schienenfahrzeuge konkurrenzfähig zu sein, bietet der Schweizer Fahrzeughersteller Stadler Rail AG mit dem FLIRT (Flinker Leichter Innovativer Regional-Triebzug) seit 2004 einen Triebzug an, der in unterschiedlichen Ausführungen geliefert werden kann.

Die Fahrzeuge sind als zwei- bis sechsteilige Einheiten lieferbar. In Deutschland haben sich mehrere private Einsteller und die DB Regio Nordost zur Beschaffung solcher Wagen entschlossen. Bisher wurden nur zwei- bis fünfteilige Züge ausgeliefert.

Im nationalen Fahrzeugregister wurden den Fahrzeugen folgende Baureihennummern zugewiesen:

- 426 zweiteiliger Zug
- 427 dreiteiliger Zug
- 428 vierteiliger Zug
- 429 fünfteiliger Zug.

Die sechsteilige Variante ist in Deutschland noch nicht anzutreffen und hat noch keine Baureihennummer.

Während bei den zweiteiligen Zügen nur ein Enddrehgestell angetrieben ist, werden bei den längeren Einheiten beide Enddrehgestelle für den Vortrieb genutzt. Die einzelnen Wagenteile sind über Jakobs-Laufdreh-

Die zweiteiligen FLIRT der Baureihe 426 sind eher selten vertreten. Sieben Züge sind für die Abellio Rail GmbH unterwegs.

gestelle miteinander verbunden. Alle Drehgestelle sind luftgefedert. Die Kästen aus Aluminium-Strangpressprofilen wurden von außen beblecht. Die Kopfpartien sind aus GfK-Teilen gefertigt. Der Fahrgastraum konnte zum Großteil niederflurig ausgeführt werden. Lediglich in den Endbereichen über den Antriebsdrehgestellen musste der Fußboden etwas erhöht werden. Dieser Bereich ist über eine Stufe zu erreichen. Jeder Wagenteil hat auf jeder Seite eine doppelflügelige Schiebetür mit Übergangsbrücke.

Mit automatischen Mittelpufferkupplungen der Bauart Scharfenberg an beiden Enden der Triebzüge können Einheiten aus mehreren Zügen gebildet werden.

Die redundant ausgeführte Antriebstechnik aus vier Strängen ist mit IGBT-Stromrichtern bestückt. Zugbus, Fahrzeugbus und Diagnoserechner vervollständigen die Ausstattung. Durch die Vielfachsteuerung können bis zu drei Fahrzeuge von einem Führerpult aus gesteuert werden.

Der Innenraum ist mit neuen, besonders weich gepolsterten Sitzen bestückt, die in Reihe und vis-à-vis aufgestellt sind. Die 1.-Klasse-Bereiche mit insgesamt 15 Sitzplätzen sind hinter den beiden Führerräumen zu finden. Im zweiten und vierten Fahrzeugteil sind Mehrzweckräume mit Klappsitzen an den Längsseiten eingerichtet. Hier können Fahrräder und andere sperrige Gegenstände abgestellt werden. In einem der Mehrzweckräume wurde ein Cateringbereich mit Getränke- und Snackautomat ausgestattet. Im anderen ist eine barrierefreie Toilette mit Vakuum-WC-System eingebaut. Glastrennwände und eine Klimaanlage sollen für ein angenehmes Klima in den Fahrzeugen sorgen.

Eurobahn bietet zahlreiche Nahverkehrsverbindungen in ganz Niedersachsen an. Dazu hat sie auch vierteilige Züge der Baureihe 428 von Alpha Trains Europa angemietet.

TECHNISCHE DATEN (427)
Länge über Kupplung: Zug 58.178 mm
Radsatzfolge: Bo'2'2'Bo'
Treibraddurchmesser: 860 mm
Laufraddurchmesser: 750 mm
Achsstand im Drehgestell: 2.700 mm
Dienstmasse: Zug 101,6 t
Höchstgeschwindigkeit: 160 km/h
Leistung: 2.000 kW
Stromsystem: 15 kV~/16,7 Hz
Indienststellung: seit 2004

Der fünfteilige 429 501 wartet als ET 9.01 der Eurobahn am 20. Oktober 2021 in Münster Hbf auf Ausfahrt.

Die Hessische Landesbahn hat ihre Züge recht farbenfroh lackiert. Am 8. September 2021 passiert der 429 548 Kinzighausen auf der Strecke Fulda–Hanau.

2006 genehmigte das Eisenbahn-Bundesamt (EBA) den Einsatz der Züge in Deutschland. Als erste nutzte die SBB GmbH diesen Umstand und setzt seit Mai 2006 die in der Schweiz registrierten und als RABe 521 bezeichneten Züge am Bodensee über Singen nach Konstanz und auf der Wiesentalbahn zwischen Basel und Zell ein.

Etwa zur gleichen Zeit bestellte DB Regio fünf Züge für den Einsatz an der Ostseeküste als „Hanse-Express" zwischen Rostock und Sassnitz. Die Triebwagen wurden im August 2007 geliefert und zunächst als Baureihe 427 bezeichnet. Später wurde diese Baureihe für die Dreiteiler vergeben und die DB zeichnete ihre Wagen Anfang 2009 in 429 um. 2022 waren die Züge in Rostock beheimatet und auf der RB 17 (Wismar–Ludwigslust) unterwegs.

Als erste deutsche Privatbahn hat die Cantus Verkehrsgesellschaft je sieben dreiteilige und drei vierteilige Züge beschafft. Weitere sieben Dreiteiler der HLB sind für Cantus im Einsatz. Sie fahren auf dem Nordost-Hessen-Netz zwischen Göttingen, Kassel, Bebra, Fulda und Eisenach.

Abellio Rail NRW bediente zwischen Dezember 2007 und Januar 2022 mit neun dreiteiligen und acht zweiteiligen FLIRT-Triebzügen den Regionalverkehr zwischen Essen, Hagen, Iserlohn und Siegen. Die Züge gehören der Leasinggesellschaft CB Rail und wurden ab Februar 2022 von DB Regio angemietet, in Essen beheimatet und auf dem Ruhr-Sieg-Netz I eingesetzt.

TECHNISCHE DATEN (428)

- Länge über Kupplung: Zug 74.276 mm
- Radsatzfolge: Bo'2'2'2'Bo'
- Treibraddurchmesser: 860 mm
- Laufraddurchmesser: 750 mm
- Achsstand im Drehgestell: 2.700 mm
- Dienstmasse: Zug 124 t
- Höchstgeschwindigkeit: 160 km/h
- Leistung: 2.000 kW
- Stromsystem: 15 kV~/16,7 Hz
- Indienststellung: seit 2004

Die ersten FLIRT in Deutschland waren die Züge des „seehas". Sie gehören der SBB GmbH und sind seit 2006 am Bodensee unterwegs (Radolfzell, 3 Juni 2017).

Die Cantus Verkehrsgesellschaft setzt ihre Züge im Raum Kassel ein. Sie hat Drei- und Vierteiler im Bestand (Kassel Hbf, 16. Februar 2015).

28 Vierteiler und 15 Fünfteiler hat die Keolis/Eurobahn auf ihrem Netz in Nordrhein-Westfalen im Einsatz. Die weißen Züge wurden 2006 von Alpha Trains Europa in Auftrag gegeben und sind von Keolis/Eurobahn nur angemietet.

Seit Dezember 2007 betreibt die Westfalenbahn das Teutoburger-Wald-Netz. Dazu hat sie 14 Dreiteiler (427) und fünf Fünfteiler (429) im Einsatz. Seit Dezember 2010 sind 14 vier- und fünf dreiteilige Fahrzeuge auf der rechtsrheinischen Strecke von Frankfurt [Main] nach Neuwied im Einsatz.

Im Großraum Salzburg setzt die Berchtesgadener Land Bahn fünf dreiteilige Züge ein, die von Alpha Trains geleast sind.

Die VIAS GmbH, ein Eisenbahnunternehmen mit Sitz in Frankfurt [Main], bestellte 2008 19 Triebwagen für das Rheingaunetz (RMV-Linie 10). Dort sind seit Dezember 2010 14 Vier- und fünf Dreiteiler auf der rechtsrheinischen Strecke von Frankfurt über Wiesbaden, Rüdesheim und Koblenz nach Neuwied unterwegs.

Die Hessische Landesbahn setzt auf der RMV-Linie 40 zwischen Frankfurt [Main], Gießen und Siegen seit 2010 ebenfalls FLIRT-Züge ein. Dafür beschaffte sie sechs fünfteilige und drei dreiteilige Triebwagen.

2022 waren folgende FLIRT I im Einsatz: DB Regio: 0426 100–107, 0427 100–108, 0429 026–030; ERB: 0427 109–122, 0429 001–005, 0428 100–124, 0428 125–128, 0429 006–019; HLB: 0427 123–125, 0429 020–025, 0429 047–050; BOB: 0427 130–134; CAN: 0427 135–148, 0428 129–134, 0428 149; VIAS: 0427 149–153, 0428 135–148.

TECHNISCHE DATEN (429)
Länge über Kupplung: Zug 90.378 mm
Radsatzfolge: Bo'2'2'2'2'Bo'
Treibraddurchmesser: 860 mm
Laufraddurchmesser: 750 mm
Achsstand im Drehgestell: 2.700 mm
Dienstmasse: Zug 145 t
Höchstgeschwindigkeit: 160 km/h
Leistung: 2.000 kW
Stromsystem: 15 kV~/16,7 Hz
Indienststellung: seit 2007

Auch DB Regio hat den FLIRT I im Bestand. Die fünfteiligen Züge wurden zunächst als Baureihe 427 geführt, mussten später aber in 429 umbenannt werden.

BAUREIHE 1427–1430

Der FLIRT EMU

Die dreiteiligen Züge sind in der Baureihe 427 zusammengefasst. Dazu gehört auch der grün/weiße 3427 006 B, der am 23. Oktober 2021 in Wanne-Eickel Hbf auf Abfahrt wartet.

Mit den neuen Triebwagen vom Typ FLIRT EMU zeichnet zum ersten Mal die Stadler Pankow GmbH Berlin vollständig für die Entwicklung eines solchen Zuges verantwortlich. Die Züge weisen im Vergleich zu den Vorgängerzügen einige technische Neuerungen auf. Die Aluminium-Wagenkästen sind in Leichtbauweise gefertigt und liegen über Luftfederungen auf den Drehgestellen auf. Die einzelnen Segmente sind über Jakobsdrehgestelle miteinander verbunden.

Die Ausrüstung des Antriebs ist doppelt ausgeführt und besteht aus je einem Transformator, einem IGBT-Stromrichter (Insulated Gate Bipolar Transistor) und zwei Asynchron-Fahrmotoren, die jeweils beide Radsätze der Enddrehgestelle antreiben. Die Züge erreichen damit eine Höchstgeschwindigkeit von 160 km/h.

Der Grundaufbau lehnt sich zwar an den in der Schweiz entwickelten FLIRT an. Völlig neu hingegen sind jedoch die nach den Vorgaben der

3427 075 und 077 für die S-Bahn Hannover stehen am 23. März 2022 in Wustermark Rbf abfahrbereit zur Abnahmeprobefahrt als DPrb 93246 nach Hildesheim Hbf und von dort weiter nach Braunschweig.

Außer den FLIRT-Zügen der ersten Generation hat die WestfalenBahn inzwischen auch die neueren bei Stadler Pankow in Berlin gebauten Fahrzeuge im Bestand (1428 111, Rheine, 28. September 2015).

„Technischen Spezifikationen für die Interoperabilität" (TSI) ausgeführten und mit Stoßverzehrelementen ausgerüsteten Kopfpartien. Dabei erhielten die Züge ein neues Design. Außerdem ist an den Seiten ein Aufkletterschutz vorhanden und die Mittelpufferkupplung wurde hinsichtlich der Energieaufnahme bei einer Kollision optimiert.

Wegen der modularen Bauweise werden sie in unterschiedlichen Längen und Ausstattungen angeboten. Allen gemeinsam ist der Niederflurbereich in der Mitte und der höhere Fußboden über den angetriebenen Enddrehgestellen. Breite Doppelschiebetüren und Schiebetritte ermöglichen einen schnellen Fahrgastwechsel. Die Fahrgasträume sind voll klimatisiert und besitzen je nach Zuglänge unterschiedlich viele Toiletten. Dabei ist eine Toilette behindertengerecht ausgeführt. Den Fahrgästen stehen Doppelsitze zur Verfügung. Über ein Fahrgastinformationssystem werden die Reisenden über Haltestellen und andere Details unterrichtet.

DB Regio hat bisher zwei Ausführungen der „FLIRT EMU" bestellt: So gingen 14 vierteilige Züge mit 225 Sitzplätzen als Baureihe 1428 an DB Regio NRW. Die verkehrsroten Züge sind in Münster zu Hause und seit Dezember 2014 auf der Strecke zwischen Münster, Essen und Mönchengladbach unterwegs. 28 Exemplare der fünfteiligen Version sind seit Dezember 2014 in Rheinland-Pfalz unterwegs. Diese als Baureihe 1429 bezeichneten Wagen mit 270 Sitzplätzen erhielten abweichend von der Standard-Farbgebung eine weiße Lackierung mit roten und dunkelgrauen Dreiecken.

2022 bestellte DB Regio für das MoselLux-Netz 19 vierteilige Züge. Sie sollen ab 2024 zum Einsatz kommen und auf diesem Netz Züge der Bau-

TECHNISCHE DATEN (1428)
Länge über Kupplung: 74.400 mm
Radsatzfolge: Bo'2'2'2'Bo'
Achsstand im Drehgestell: Enddrehgestelle 2.500 mm Jakobsdrehgest. 2.700 mm
Dienstmasse: Zug 132,9 t
Höchstgeschwindigkeit: 160 km/h
Leistung: 4 x 500 = 2.000 kW
Motorbauart: Drehstrom-Asynchronmotor
Stromsystem: 15 kV~; 16,7 Hz
Indienststellung: seit 2015

Go-Ahead ist mit seinen Zügen in Bayern zwischen München und Lindau unterwegs. Die Aufnahme zeigt den ET 4.20 allerdings am 21. September 2021 auf Überführungsfahrt auf der Nord-Süd-Strecke kurz vor dem Ebertsbergtunnel bei Elm.

Der fünfteilige ET 25.2203 (1429 510) von Abellio steht am 23. Oktober 2021 abfahrbereit in Oberhausen Hbf.

reihe 442 ablösen. Die neuen Fahrzeuge sind mit ihren langen Wagenkästen besonders für die Beförderung von Fahrrädern ausgelegt.

Ebenfalls 2022 bekam DB Regio den Zuschlag für das Netz „Nord-Süd" im Verkehrsverbund Berlin-Brandenburg. Zunächst wurden drei vierteilige Triebzüge bestellt, die ab 2026 unterwegs sein sollen. Es besteht eine Option für weitere Triebzüge.

Auch mehrere private Eisenbahnunternehmen haben Züge dieses Typs im Bestand. So bestellte Veolia 2011 sieben dreiteilige und 28 sechsteilige Züge für das E-Netz Rosenheim. Seit Dezember 2013 sind die Züge als „Meridian" zwischen München, Rosenheim, Salzburg und Kufstein unterwegs. Die Züge sind bei der Bayerischen Oberlandbahn (BOB) eingestellt. Im August 2014 übernahm Alpha Trains die Züge und vermietete sie an den Betreiber.

TECHNISCHE DATEN (1429)

- Länge über Kupplung: 90.800 mm
- Radsatzfolge: Bo'2'2'2'2'Bo'
- Achsstand im Drehgestell: Enddrehgestelle 2.500 mm Jakobsdrehgest. 2.700 mm
- Dienstmasse: Zug 156 t
- Höchstgeschwindigkeit: 160 km/h
- Leistung: 4 x 500 = 2.000 kW
- Motorbauart Drehstrom-Asynchronmotor
- Stromsystem: 15 kV~; 16,7 Hz
- Indienststellung: 2014–2015

Blick in den Fahrgastraum des 1429 502, der in Schleswig-Holstein unterwegs ist.

Die Benex GmbH hat für ihre Strecken in Schleswig-Holstein sieben fünfteilige und acht sechsteilige Züge in Dienst gestellt. Der Betrieb wird von der Nordbahn Eisenbahngesellschaft (NBE) durchgeführt. Die Aufnahme zeigt den 1429 004 am 30. Juni 2018 in Hamburg-Altona.

Im Dezember 2014 übernahm die Nordbahn Eisenbahngesellschaft den Betrieb auf dem Regionalnetz Mitte in Schleswig-Holstein. Sie beschaffte dafür sieben fünf- und acht sechsteilige Züge. Die grünen Fahrzeuge gehören der Benex GmbH und werden auf den Strecken RB 61 von Hamburg über Elmshorn nach Itzehoe und auf der RB 71 nach Wrist (–Kellinghusen) eingesetzt.

Die WestfalenBahn setzt seit Dezember 2015 fünfzehn vierteilige FLIRT auf der Emslandlinie zwischen Münster, Rheine und Emden ein. Die Züge gehören Alpha Trains und sind nur angemietet.

Im Juni 2013 bestellte Abellio 13 Einsystem- und sieben Mehrsystemzüge für 15 kV/16,7 Hz; 25 kV/50 Hz und 1,5 kV Gleichspannung. Sie sind seit 2016 im Niederrhein-Netz zwischen Düsseldorf und Arnhem sowie zwischen Wesel und Mönchengladbach unterwegs. Für den grenzüberschreitenden Einsatz werden sie zusätzlich mit den Zugsicherungseinrichtungen ETCS Level 2 sowie ATB ausgestattet.

Für den Betrieb der Lose 2 (Remstal/Fils) und 3 (Franken/Enz) der Stuttgarter Netze bestellte die Go-Ahead Verkehrsgesellschaft Deutschland insgesamt 45 Züge, davon elf dreiteilige und 15 fünfteilige für das Los 2 und neun vierteilige und zehn sechsteilige für das Los 3. Sie sind in den neuen Farben für Baden-Württemberg mit weißem Wagenkasten und gelben bzw. schwarzen Zierelementen unterwegs.

Für ihre Linien im Allgäu beschaffte Go-Ahead 22 vierteilige Züge. Die blauen Züge stehen seit Dezember 2021 zwischen München und Lindau (RE 92, RE 96) im Einsatz.

Ende Mai 2017 erhielt die eurobahn den ersten von neun Triebzügen für den Verkehr auf der Strecke Bielefeld–Bad Bentheim–Hengelo. Die türkis/grauen Züge sind mehrsystemfähig.

In Baden-Württemberg sind die Triebwagen von Go-Ahead in den Landesfarben lackiert. Der fünfteilige ET 5.16 B (1429 551) verlässt am 28. März 2022 auf seiner Fahrt nach Stuttgart den Bahnhof von Süßen.

Außer dreiteiligen Zügen der Baureihe 1427 hat die BOB auch 28 sechsteilige Züge der Baureihe 1430 im Bestand (1430 518, München-Heimeranplatz, 11. April 2018).

Seit Herbst 2022 ist die zweite Generation der Baureihe 430 in Stuttgart im Einsatz. Wie der 430 248 bekamen die meisten Züge den neuen grauen Anstrich (Stuttgart-Nürnberger Straße, 18. Oktober 2022).

BAUREIHE 430

Die neueste S-Bahn-Baureihe

Um die Anfang der 1970er-Jahre gebauten S-Bahn-Triebwagen der Baureihe 420 endgültig ersetzen zu können, beschafft die DB seit 2013 die neuen Triebwagen der Baureihe 430. Sie basieren auf den S-Bahn-Triebwagen der Baureihe 423 und unterscheiden sich besonders beim Aufbau und der Form der Köpfe von den Vorgängern. Die Züge werden von Alstom in Salzgitter und Bombardier in Aachen gefertigt. Sie sind für die S-Bahn-Netze im Raum Stuttgart und Frankfurt [Main] vorgesehen.

Die Triebwagen laufen auf zwei Enddrehgestellen und drei Jakobsdrehgestellen, über die die einzelnen Segmente verbunden sind. Luftfedern zwischen den Drehgestellen und den Wagenkästen sorgen für einen ruhigen Lauf. Die beiden Enddrehgestelle und die beiden äußeren Jakobsdrehgestelle sind angetrieben und mit Bremsen bestückt. Das mittlere Drehgestell ist ein reines Laufgestell.

In den neu gestalteten Köpfen sind Stoßverzehrelemente eingebaut, die der neuesten EU-Sicherheitsnorm zu technischen Spezifikationen für die Interoperabilität (TSI) entsprechen.

Auch in den Zügen der Baureihe 430 sind die für S-Bahn-Triebwagen einheitlichen Sitze mit blau/schwarzem Muster verbaut.

Mit grünen Folien beklebt wirbt der 430 145 der S-Bahn Rhein-Main am 24. August 2022 in Hanau Hbf für die Einhaltung der Klimaziele.

Zur Überbrückung des Abstands zwischen Zug und Bahnsteigkante wurden die Züge mit ausfahrbaren Trittstufen geliefert. Allerdings gab es technische Probleme, die die Inbetriebnahme lange verhinderten. Erst nachdem die Tritte festgelegt waren, erhielten die Züge eine Zulassung für den Planeinsatz. Die Türen haben eine neue Drucktastensteuerung und ein ebenfalls neues akustisches Warnsignal. Aus optischen Gründen sind die Dachaufbauten mit einer durchgehenden Blende verkleidet, was den Zügen ein elegantes Aussehen verleiht.

Der Innenraum entspricht bis auf Detailänderungen demjenigen der Baureihe 423. So haben die Triebwagen jetzt bequemere Sitze mit lederbezogenen Kopfpolstern. Für die Innenbeleuchtung wählte man LEDs, die blendfrei in einem Leuchtenband montiert sind. Zusätzlich ist im Fußraum der Türen eine Bodenbeleuchtung vorhanden. Eine Videoüberwachungsanlage und Sprechstellen neben den Türen sollen die Sicherheit in den Zügen erhöhen.

Acht Drehstrom-Asynchronmotoren mit zweistufigem Getriebe liefern den Vortrieb. Das Leitsystem gehört zum Typ MITRAC.

In Stuttgart waren zunächst die Züge 430 001 bis 430 097 auf den Linien S 1, S 2 und S 3 unterwegs. Ab Herbst 2022 laufen die ersten Nachbauwagen der Serie 430 200 ff. auf den Linien S2 und S 3. Inzwischen sind sie auch auf der S 1 unterwegs. Bei ihnen gibt es sowohl noch rote Wagen, als auch solche im neuen grau/schwarzen Design. Wegen Problemen bei der Software durften die neuen Wagen ab Dezember 2023 nicht mehr mit der ersten Serie gekuppelt werden und waren auf den Linien S 4, S 5 und S 62 unterwegs. Inzwischen sind sie auf nahezu allen Linien anzutreffen.

Im Raum Frankfurt (Main) sind die Züge 430 100 bis 430 190 im Plandienst. Sie fahren dort auf den Linien S 1, S 7, S 8 und S 9. Geplante Einsätze im Raum Köln und Rhein-Ruhr kamen nicht zustande.

TECHNISCHE DATEN

Länge über Kupplung: 68.300 mm
Radsatzfolge: Bo'Bo'2'Bo'Bo'
Achsstand im Drehgestell: Enddrehgestelle 2.200 mm Jakobsdrehgest. 2.700 mm
Dienstmasse: Zug 139 t
Höchstgeschwindigkeit: 140 km/h
Stundenleistung: 2.350 kW
Motorbauart: Drehstrom-Asynchronmotor
Stromsystem: 15 kV~; 16,7 Hz
Indienststellung: 2014–2017

Ein aus drei Triebwagen gebildeter Langzug der S-Bahn Rhein-Main mit 430 643 an der Spitze steht am 9. April 2015 in Hanau.

Der LIREX Continental

Die Triebwagen der Baureihe 440 wurden drei- bis fünfteilig ausgeliefert, zudem gibt es unterschiedlich lange Endwagen. Am 20. September 2018 ist der 440 038 bei Würzburg unterwegs.

Bereits im Jahr 2000 präsentierte Alstom den dieselelektrischen Triebwagen der Baureihe 618 als erstes Versuchsfahrzeug der neuen Plattform des Coradia LIREX (Leichter, Innovativer Regional EXpress). Das Fahrzeug diente in erster Linie als Anschauungsobjekt. Es hatte bewegliche Einzelachsfahrwerke und war mit unterschiedlichen Innendesigns eingerichtet. Der Triebwagen wurde auf zahlreichen Messen und Ausstellungen gezeigt und war sogar kurze Zeit im Planeinsatz.

Aus dem Versuchsfahrzeug entstanden die elektrischen Triebwagen der Baureihe 440 in unterschiedlichen Ausführungen.

- 440^0 vierteilig, kurze Endwagen, acht Fahrmotoren
- 440^1 vierteilig, lange Endwagen, acht Fahrmotoren
- 440^2 fünfteilig, kurze Endwagen, acht Fahrmotoren
- 440^3 dreiteilig, kurze oder lange Endwagen, sechs Fahrmotoren
- 440^4 dreiteilig, lange Endwagen, acht Fahrmotoren.

Die Triebzüge laufen auf angetriebenen oder antriebslosen Jakobsdrehgestellen und angetriebenen Drehgestellen an den Zugenden. Alle Drehgestelle sind luftgefedert und haben Radscheibenbremsen. Die Enddrehgestelle sind zusätzlich mit Magnetschienenbremsen ausgestattet.

Das Konzept der Baureihe 440 basiert auf vier Grundtypen, die je nach Bedarf miteinander kombiniert werden können. Als A-Wagen bietet der

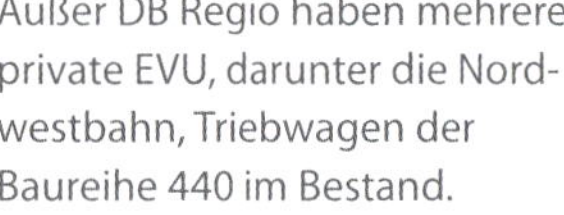
Außer DB Regio haben mehrere private EVU, darunter die Nordwestbahn, Triebwagen der Baureihe 440 im Bestand.

Agilis setzt seine 440 auf dem „Regensburger Stern" und entlang der Donau von Passau bis Ulm ein. Am 10. April 2015 verlässt der dreiteilige 440 401 Ulm Hbf.

Hersteller einen Endwagen mit je einem Trieb- und Laufdrehgestell oder mit zwei Laufdrehgestellen an. Auf dem Dach tragen diese Wagen das Führerstands-Klimagerät, den Transformator und ein Klimagerät für den Fahrgastraum. Mittelwagen ohne Drehgestelle werden als B-Wagen angeboten. Der C-Wagen ist ein Mittelwagen mit einem Mittellaufdrehgestell. Er trägt den Stromabnehmer und die Hochspannungsausrüstung sowie die Druckluftanlage und einen Transformator. Der D-Wagen läuft auf zwei Mitteldrehgestellen. Auch dieser Mittelwagen ist mit einer Hochspannungsanlage und einem Stromabnehmer ausgestattet.

Viele Komponenten des Antriebssystems sind auf dem Fahrzeugdach angeordnet. Dazu zählen das Hochspannungsgerüst, der Haupttransformator, der Antriebsstromrichter und die Hilfsbetriebeumrichter. Antriebsmotoren sind an allen Achsen der Endfahrwerke sowie in den Achsen zweier Mittelfahrwerke zu finden. Sie können entweder von oben montiert werden, wenn das Drehgestell ausgebaut ist, oder von unten, wenn sich das Drehgestell unter dem Zug befindet.

Die Leittechnik arbeitet mit einem Wired Train Bus (WTB), an den über ein Gateway der Multifunction Vehicle Bus (MVB) angeschlossen ist. Ein Steuergerät überwacht und regelt alle Systeme und Funktionen.

Die Sitze wurden sowohl in Reihe als auch vis-à-vis montiert. Die offenen Abteile mit vier Sitzplätzen haben Tische unter den Fenstern. Je nach Ausführung haben die Züge eine unterschiedliche Anzahl an geschlossenen Toilettensystemen und an Mehrzweckräumen mit Klappsitzen. In den Mehrzweckräumen kann zwischen einer Winter- und einer Sommerbestuhlung gewechselt werden.

TECHNISCHE DATEN (440)

Länge über Kupplung:
Zug 3-teilig 54.500 mm
Zug 4-teilig 70.900 mm
Zug 5-teilig 87.350 mm
Endwagen 15.500 mm
Mittelwagen 16.400 mm

Radsatzfolge:
5-teilig Bo'Bo'2'2'Bo'Bo'

Achsstand im Drehgestell:
Enddrehgestelle 2.400 mm
Jakobsdrehgest. 2.700 mm

Dienstmasse:
4-teilig 136,5 t

Höchstgeschwindigkeit:
160 km/h

Leistung:
5-teilig 8 x 250 kW

Stromsystem: 15 kV~/16,7 Hz

Indienststellung: seit 2008

Für das Elektro-Netz Saar bestellte DB Regio vierteilige Züge. Die 160 km/h schnellen Fahrzeuge sind weiß lackiert mit roten Köpfen. Am18. November 2019 steht der 1440 515 in Koblenz Hbf.

Inzwischen hat auch die Hessische Landesbahn HLB Triebwagen der Baureihe 1440 im Bestand. Dazu gehört der ET 157 (1440 157), der am 21. Juni 2018 in Hanau Hbf steht.

Im März 2006 stellte Alstom den neuen Zug der Öffentlichkeit vor und im Sommer 2006 bestellte DB Regio 76 Triebzüge in drei unterschiedlichen Ausführungen. Sie waren für die Großräume Augsburg, Würzburg, Nürnberg und die Verbindung München–Passau vorgesehen.

Für das Augsburger Netz – den „Fugger-Express" – beschaffte die DB vierteilige 440^{0}. Die Fahrzeuge waren in München beheimatet und zwischen München, Augsburg und Ulm bzw. Donauwörth und Treuchtlingen unterwegs. Außerdem gehörte die Strecke zwischen München und Aalen zum Einsatzgebiet. Für den Würzburger Raum waren fünf vierteilige 440^{0} und 23 dreiteilige 440^{3} vorgesehen. Sie fahren nach Nürnberg, Bamberg, Treuchtlingen und Schlüchtern. Für den „Donau-Isar-Express" wurden sechs fünfteilige und sechs vierteilige Züge beschafft, die seit Dezember 2009 auf der Strecke zwischen München und Passau fahren.

Als erstes privates Unternehmen beschaffte die Nordwestbahn Züge der Baureihe 440. Für die Regio-S-Bahn Bremen/Niedersachsen stellte sie 18 drei- und 17 fünfteilige Züge in Dienst. Seit Dezember 2010 fahren die blau, weiß, gelb und grau lackierten Züge unter anderem zwischen Bremen, Bad Zwischenahn, Bremerhaven und Twistringen.

Die Agilis GmbH ist bisher das einzige Unternehmen, das Züge der Unterbauarten 440^{1} und 440^{4} mit langen Endwagen in Betrieb genommen hat. Die 18 dreiteiligen und acht vierteiligen, grau und hellgrün lackierten Züge fahren im „Regensburger Stern".

DB Regio beschloss, die Triebwagen auch in Nordrhein-Westfalen einzusetzen und bestellte im Frühjahr 2010 insgesamt 28 dreiteilige Einheiten. Ab Oktober 2014 waren die ersten Fahrzeuge im planmäßigen

Die silberfarbenen Triebwagen gehören zum Verkehrsverbund Mittelsachsen und sind zwischen Hof, Dresden und Elsterwerda unterwegs. So fährt der 1440 203 der Mitteldeutschen Regiobahn MRB am 24. April 2020 als RE 99312 von Glauchau nach Hof Hbf, hier bei Föhrig.

Bahnhof Gottenheim an der Linie Breisach–Freiburg (Breisgau) Hbf. Links haben der 1440 183 und 358 von Freiburg (Breisgau) kommend am 3. Januar 2020 den Bahnhof erreicht. Rechts verlassen der 1440 182 und 356 Gottenheim auf der gemeinsamen Fahrt als S-Bahn nach Neustadt (Schwarzw.) und Seebrugg.

Verkehr auf der Linie S 68 eingesetzt, bevor sie zum Fahrplanwechsel 2014/15 auf die Linien S 5 und S 8 kamen.

Im Dezember 2012 bestellte der Zweckverband Großraum Braunschweig für das Elektro-Netz Niedersachsen-Ost (ENNO) zwanzig vierteilige Züge, mit einer Option auf weitere 13 Exemplare. 2015 übernahm Metronom für zehn Jahre den Betrieb der Fahrzeuge.

Im April 2014 bestellte der Verkehrsverbund Mittelsachsen 13 drei- und 16 fünfteilige Züge. Die silberfarbenen Fahrzeuge sind seit Juni 2016 im Elektro-Netz Mittelsachsen zwischen Dresden, Hof und Elsterwerda unterwegs.

Für die Breisgau-S-Bahn beschaffte DB Regio 24 Züge, die im Landesdesign für Baden-Württemberg geliefert wurden. 27 rote Züge verkehren auf den S-Bahn-Linien S1 und S2 der S-Bahn Nürnberg. Gleichzeitig bestellte die DB 26 drei- und fünfteilige Züge für den Einsatz in NRW und Rheinland-Pfalz.

Im Mai 2017 legte DB Regio den Einsatz solcher Fahrzeuge auf dem Elektro-Netz Saar RB Los 1 fest. Die Züge fallen durch ihre rot/weiße Lackierung auf.

Im November 2019 unterzeichneten DB Regio und Alstom einen Vertrag über die Lieferung von 19 Fahrzeugen für das Netz „Karlsruhe 7b" im Baden-Württemberg-Design.

Seit dem Fahrplanwechsel 2021/22 wird die neue Linie RB 74 München–Buchloe mit Triebwagen der Baureihe 440 bedient, die vorher auf dem Donau-Isar-Express im Einsatz waren.

TECHNISCHE DATEN (1440)

Länge über Kupplung:
Zug 3-teilig 56.900 mm
Zug 4-teilig 73.300 mm
Zug 5-teilig 89.750 mm
Endwagen 20.250 mm
Mittelwagen 16.400 mm

Radsatzfolge:
5-teilig Bo'Bo'2'2'Bo'Bo'

Achsstand im Drehgestell:
Enddrehgestelle 2.400 mm
Jakobsdrehgest. 2.700 mm

Höchstgeschwindigkeit:
160 km/h

Leistung: 2.900 kW

Stromsystem: 15 kV~/16,7 Hz

Indienststellung: seit 2015

Die „Enno"-Triebwagen haben jeweils nur vier Doppeltüren auf jeder Seite. In einem Endwagen gibt es ein 1.-Klasse-Abteil. Ein Mittelwagen bietet ein Mehrzweckabteil mit barrierefreier Toilette, der andere ein Fahrradabteil.

BAUREIHE 442, 1442, 2442, 3442

Die „Hamsterbacken"

Die Triebwagen im Verkehrsverbund Oberelbe (VVO) fallen durch den zusätzlichen hellen Streifen an den Enden der Züge auf. 442 149 ist am 16. Dezember 2013 bei Dresden-Stetzsch unterwegs.

TECHNISCHE DATEN

Länge über Kupplung:
Zug 2-teilig 40.100 mm
Zug 3-teilig 56.200 mm
Zug 4-teilig 72.300 mm
Zug 5-teilig 88.400 mm
Zug 6-teilig 104.500 mm

Radsatzfolge:
2-teilig Bo'2'Bo'
3-teilig Bo'2'2'Bo'
4-teilig Bo'2'Bo'2'Bo' oder Bo'2'2'2'Bo'
5-teilig Bo'2'Bo'2'2'Bo'
6-teilig Bo'2'Bo'2'Bo'2'Bo'

Dienstmasse:
2-teilig 57 t
3-teilig 114 t
4-teilig 161 t
5-teilig 189 t

Radsatzfahrmasse: 18 t

Höchstgeschwindigkeit: 160 km/h

Stundenleistung:
2-/3-teilig 2.020 kW
4-/5-teilig 3.030 kW
6-teilig 4.040 kW

Stromsystem: 5 kV~/16,7 Hz

Indienststellung: seit 2008

Mit den „Talent 2" bietet Bombardier Transportation einen modular aufgebauten elektrischen Triebwagen für den Regionalverkehr an. Der Name ist ein Akronym und steht für: Talbot leichter Nahverkehrs-Triebwagen. Der Zug wird in zwei- bis sechsteiligen Ausführungen mit unterschiedlichen Innenausstattungen und Motorisierungen geliefert. Die Fahrzeuge laufen auf zweiachsigen Drehgestellen vom Typ „Flexcompact" mit Schrauben- und Gummi-Konusfedern. Bei den zwei- und dreiteiligen Wagen sind nur die beiden äußeren Drehgestelle angetrieben. Die Vier- und Fünfteiler besitzen zusätzlich ein angetriebenes Mitteldrehgestell. Alle Mitteldrehgestelle sind Jakobsdrehgestelle, auf die sich je zwei Wagenkästen abstützen.

Die Kästen sind in Stahlleichtbauweise gefertigt. In den Kopfbereichen – die aus glasfaserverstärktem Kunststoff bestehen – sind Stoßverzehrelemente eingebaut, die den Triebwagen ein recht kompaktes Aussehen verleihen. Um auch eine Variante mit Neigetechnik anbieten zu können, sind die Seitenwände oben und unten nach innen gewölbt. Dadurch müssen aber die Abstände zwischen Zug und Bahnsteigkante mit Tritten überbrückt werden.

Am 24. April 2020 befindet sich der 8442 646 von Vlexx auf Überführungsfahrt. Die Aufnahme zeigt ihn beim Verlassen des Neuen Schlüchterner Tunnels auf der Strecke Fulda–Hanau.

Bei der S-Bahn-Leipzig sind die silberfarbigen 1442 unterwegs. Dazu gehört auch der dreiteilige 1442 635, der am 16. Juni 2015 in Leipzig-Thekla einen Zwischenhalt einlegt.

Außer an den Enden der Züge ist der Innenraum niederflurig ausgeführt, dazu musste ein Großteil der elektrischen Ausrüstung auf dem Dach angeordnet werden. Die Großräume sind mit offenen Abteilen eingerichtet, die Mehrzweckräume haben Klappsitze an den Seitenwänden. Während die Versionen für den Regionalverkehr mit nur einer Doppelschiebetür pro Seite und Mittelsegment auskommen, sind in den für den S-Bahn-Einsatz vorgesehenen Wagen dort zwei Türen vorhanden. Die Kopfteile haben jeweils nur eine Tür im Hochflurbereich.

Eine Mehrfachsteuerung erlaubt das Kuppeln mehrerer Fahrzeuge, auch aus unterschiedlichen Unterbaureihen. Dazu haben die Wagen automatische Mittelpufferkupplungen der Bauart Scharfenberg.

Stromabnehmer, Transformator, Batterien und Stromrichter sind über dem Niederflurteil der Züge im Dachbereich montiert. Der Rest der elektrischen Einrichtung ist unterflur verstaut.

DB Regio hat die Triebwagen in vier unterschiedlichen Ausführungen im Bestand: Von den zweiteiligen Fahrzeugen der Baureihe 442^0 setzt sie nur elf Exemplare ein. 442 001 bis 442 005 waren im Sommer 2022 in Trier beheimatet. 442 006 bis 442 008 wurden von Cottbus aus eingesetzt und die süddeutschen 442 009 bis 442 011 wurden in München-Pasing betreut. Die dreiteiligen Wagen der Unterbauart 442^1 wurden von München-Pasing, Nürnberg West, Frankfurt [Main] Hbf, Dresden-Altstadt,

Cantus hat die beiden SWEG-Triebwagen 1442 150 und 151 übernommen und setzt sie nun neu lackiert auf den eigenen Verbindungen ein. Am 29. März 2022 steht der 1442 650 in Fulda zur Abfahrt bereit.

Im Frühjahr 2022 führte Bombardier mit dem batteriegetriebenen 8442 100/600 Testfahrten zwischen Böblingen und Eutingen im Gäu durch. Mit abgesenktem Stromabnehmer verlässt er am 18. Februar 2022 Böblingen.

Berlin-Lichtenberg und Cottbus aus eingesetzt. Die vierteiligen Züge der Unterbaureihe 442^2 waren in Trier, Cottbus, Nürnberg West, Aachen, München-Pasing und Frankfurt [Main] Hbf anzutreffen. Die fünfteilige und damit größte Ausführung ist als 442^3 in Aachen, Nürnberg West, Berlin-Lichtenberg, Dresden-Altstadt, Cottbus und Rostock zu Hause.

Die Zweiteiler aus Trier fahren zusammen mit Vierteilern des gleichen Werks voraussichtlich noch bis Dezember 2024 entlang der Mosel bis nach Koblenz. Die Nürnberger Triebwagen sind als Franken-Thüringen Express (FTX) zwischen Nürnberg, Bamberg und Würzburg sowie auf der Frankenwaldbahn und der Werrabahn unterwegs. Hier endet der Einsatz voraussichtlich im Dezember 2023. Im Raum Rostock werden die S-Bahn-Linien S 1, S 2, S 3 und die Linien RB 17, RB 18 mit 442 bedient. Teilweise sind sie auch auf den Linien RE 1 und RB 12 zu finden.

Die S-Bahn-Mitteldeutschland hat 36 Dreiteiler und 15 Vierteiler im Bestand. Sie setzt ihre silberfarbenen und in Halle beheimateten Triebwagen als Baureihe 1442 im Großraum Leipzig als S-Bahn ein. Dabei werden unter anderem Dessau, Halle und Zwickau angefahren. Seit 2016 wird der Bestand um 19 dreiteilige und zehn vierteilige Züge aufgestockt, um so langfristig alle Linien mit der Baureihe 1442 bedienen zu können.

Sämtliche vierteilige Triebwagen der Baureihe 2442 sind in München zu Hause. Sie werden zusammen mit den 442 009 bis 442 011 im Werdenfelser-Netz südlich von München eingesetzt. Dabei kommen sie unter anderem über die Karwendelbahn bis Oberammergau und über die Außerfernbahn ins österreichische Reutte (Tirol) und nach Innsbruck.

Ihre fünfteiligen Züge bezeichnet DB Regio als Baureihe $442^{5/8}$. 442 809 ist am 20. September 2018 als „Franken-Thüringen-Express" bei Würzburg unterwegs.

1442 660 von DB Regio ist als RB 16151 von Dessau Hbf nach Annaburg unterwegs, hier zwischen Mühlanger und Jessen bei Rehain.

Neueste Version bei DB Regio sind die vierteiligen, in den Farben für Baden-Württemberg lackierten Triebwagen der Baureihe 3442. Sie haben im Dezember 2017 den Regionalverkehr auf der Gäu- und der Murrbahn übernommen. Außer DB Regio hatten 2017 auch private Unternehmen die hier vorgestellten Triebwagen im Bestand.

Die Abellio Rail GmbH hat das Netz Saale-Thüringen-Südharz gewonnen und setzt seit Dezember 2015 20 dreiteilige und 15 fünfteilige Züge ein. Bemerkenswert ist der „Lounge-Bereich" an einem Wagenende mit sofaähnlichen Sitzbänken und Tischen. Außerdem sind Fahrkartenautomaten in den Zügen aufgestellt. Im Sommer 2016 bestellte Abellio 24 dreiteilige und 19 fünfteilige Züge für den Einsatz in Baden-Württemberg ab 2019. Nach der Insolvenz von Abellio übernahm die SWEG im Januar 2022 die Züge und den Betrieb auf dieser Strecke zwischen Tübingen, Stuttgart und Heilbronn für zwei Jahre. Danach werden die Verkehre neu ausgeschrieben.

National Express bedient seit Dezember 2015 die Linien RE 7 „Rhein-Münsterland-Express" und RB 48 „Rhein-Wupper-Bahn" in Nordrhein-Westfalen mit ihren drei- und fünfteiligen Zügen.

Auf der InnoTrans 2018 wurde mit dem 8442 100/600 ein dreiteiliger Zug mit Batteriezusatzantrieb vorgestellt. Er ist mit vier Lithium-Ionen-Batterien ausgerüstet, die zur Traktion genutzt werden können. Sie lassen sich während der Fahrt und im Stand über den Stromabnehmer aus der Fahrleitung aufladen, zudem kann durch die Nutzbremse Energie zurückgewonnen werden. Anfang 2022 begann ein viermonatiger Testeinsatz des Zugs in Baden-Württemberg und Bayern. Dabei war der Zug in Baden-Württemberg mehrmals täglich zwischen Böblingen und Eutingen im Gäu unterwegs. Samstags und sonntags war er zwischen Pleinfeld und Gunzenhausen im Einsatz.

National Express setzt seine fünfteiligen Wagen auch zusammen mit kürzeren Ausführungen im Verband ein. So ist der 9442 857 mit einem weiteren Wagen am 20. September 2022 in Köln Hbf unterwegs.

BAUREIHE 445

Der KISS von Stadler

Die 13 Züge der WestfalenBahn sind sechsteilig. Hier ist zusätzlich ein Mittelwagen angetrieben. ET 604 ist am 9. September 2017 in Hannover unterwegs.

Außer einstöckigen Zügen bot Stadler Pankow mit dem KISS (Komfortabler Innovativer Spurtstarker S-Bahn-Zug) auch einen doppelstöckigen Triebwagen an. Es sind zwei bis achtteilige Einheiten möglich. Der Zug wurde aus der Version für die Schweiz abgeleitet und musste in das Lichtraumprofil G2 passen, um auf dem Netz der Deutschen Bahn uneingeschränkt eingesetzt werden zu können. Die Wagen wurden dadurch oben schmaler, konnten aber etwas länger und um 35 Millimeter höher ausgeführt werden. Um den neuen Crash-Anforderungen zu genügen, wurden neue Köpfe mit einem abweichenden Design entwickelt.

Die Triebdrehgestelle stammen vom FLIRT und haben Luftfederung. Lauf- und Triebdrehgestelle sind weitgehend baugleich. In den Endwagen sind nur die Drehgestelle an den Wagenübergängen angetrieben. Bei den sechsteiligen Zügen wird zusätzlich noch ein Mittelwagen angetrieben. Stromabnehmer sind nun auf den Mittelwagen montiert.

Die Ostdeutsche Eisenbahn GmbH (ODEG) hat 16 vierteilige Züge im Bestand, die unter anderem auf der RegionalBahn-Linie RE 2 zwischen Cottbus und Wismar eingesetzt werden.

DB Regio Schleswig-Holstein bestellte im Juni 2019 insgesamt 18 vierteilige Züge, die seit Dezember 2022 eingesetzt werden.

Die Ostdeutsche Eisenbahn GmbH (ODEG) hat sich für eine vierteilige Ausführung der Doppelstock-Triebzüge entschieden. Die Aufnahme zeigt den ET 445.100 in Schwerin.

Die Wagen sind folgendermaßen eingerichtet:

- 445[1] (A-Wagen): 2. Klasse, Mehrzweckraum, WC, Hauptschalter, Antriebsmodul mit Trafo, Stromrichter
- 446[1] (C-Wagen): 2. Klasse, Mehrzweckraum, behindertengerechtes WC, Stromabnehmer
- 446[6] (D-Wagen): 2. Klasse, Mehrzweckraum, Stromabnehmer
- 445[6] (B-Wagen): 1. Klasse (oben), 2. Klasse, Mehrzweckraum, WC, Hauptschalter, Antriebsmodul mit Trafo, Stromrichter.

Im Februar 2012 war der erste Zug einsatzbereit und kam für Testfahrten zum Eisenbahnversuchsring Velim. Die ersten vier Züge bekamen dann im Dezember 2012 die Zulassung vom Eisenbahn-Bundesamt und ab Anfang 2013 wurden sie im Plandienst eingesetzt und lösten die Ersatzzüge auf den Linien RE 2 und RE 4 ab.

Als zweiter Eisenbahnbetrieb in Deutschland hat die WestfalenBahn KISS-Züge im Bestand. Sie setzt die 13 sechsteiligen Züge seit Dezember 2013 von Braunschweig aus nach Hannover, Minden, Rheine und Bielefeld ein. Die Züge sind von Alpha Trains angemietet. Das hohe Gewicht der Sechsteiler machte einen angetriebenen Mittelwagen notwendig. Die Züge sind 156 Meter lang und haben je 627 Sitzplätze. Nach dem Start gab es einige Probleme mit den Zügen, so kam es zu ungewollten Schnellbremsungen und Fehlern bei der Klimaanlage.

DB Regio Schleswig-Holstein bestellte im Juni 2019 insgesamt 18 vierteilige Züge, die ab Dezember 2022 auf dem „Elektronetz Ost“ in Schleswig-Holstein eingesetzt werden. Für das ab 2026 von der DB zu bedienende „Nord-Süd“ des VBB sind zwölf fünfteilige Züge vorgesehen.

TECHNISCHE DATEN (445)

Länge über Kupplung:	Zug 3-teilig 105.220 mm Zug 6-teilig 156.450 mm
Radsatzfolge:	4-teilig 2'Bo'+2'2'+2'2'+Bo'2' 6-teilig 2'Bo'+2'2'+2'2'+Bo'2'+2'2'+Bo'2'
Achsstand im Drehgestell:	2.500 mm
Dienstmasse:	4-teilig 205,8 t
Höchstgeschwindigkeit:	160 km/h
Dauerleistung:	4-teilig 2.000 kW 6-teilig 3.000 kW
Stromsystem:	15 kV~/16,7 Hz
Indienststellung:	2012–2015

Auch die KISS-Züge der luxemburgischen CFL sind in Deutschland unterwegs, so der 2320 am 30. September 2022 in Köln Hbf.

BAUREIHE 445, 446

Der TWINDEXX von Bombardier

Die fünf Züge für den Verbund Berlin-Brandenburg (VBB) fallen durch ihren zusätzlichen Streifen unter den Fenstern an den Wagenenden auf (Fulda, 20. Januar 2017).

TECHNISCHE DATEN

Länge über Kupplung:
Triebkopf 25.975 mm
Steuerwagen 27.575 mm
Mittelwagen 26.800 mm

Radsatzfolge:
Triebkopf Bo'Bo'
Mittelwagen 2'2'

Achsstand im Drehgestell:
2.500 mm

Dienstmasse: 66 t

Stromsystem: 15 kV~/ 16,7 Hz

Nennleistung:
4 x 575 = 2.300 kW pro Kopf

Höchstgeschwindigkeit:
160, 189, 230 km/h

Indienststellung: seit 2013

Neben den Doppelstock-Reisezugwagen hat Bombardier unter dem Markennamen TWINDEXX auch Triebköpfe im Angebot, aus denen zusammen mit nicht angetriebenen Wagen Triebzüge zusammengestellt werden können. Bei Bedarf kann statt eines zweiten Triebkopfs ein antriebsloser Steuerwagen beigestellt werden. Die Nahverkehrsausführung ist entweder 160 km/h oder 189 km/h schnell. Für den Einsatz im Fernverkehr wird eine Ausführung mit einer Höchstgeschwindigkeit von 230 km/h angeboten. Alle Züge sind voll klimatisiert und haben ein mehrsprachiges, dynamisches Fahrgastinformationssystem, außerdem sind sie mit einem Fahrgastzählsystem und einer Videoüberwachungsanlage ausgestattet. Die Baureihe 445 ist für den Einsatz an Bahnsteigen mit einer Höhe von 550 mm über SO vorgesehen, die Baureihe 446 für eine Bahnsteighöhe von 760 mm.

Für den Einsatz im Verkehrsverbund Berlin-Brandenburg hat DB Regio fünf fünfteilige Züge bestellt, die im Dezember 2014 in Betrieb gehen sollten. Verzögerungen bei der Zulassung führten aber zur Verschiebung der Inbetriebnahme, sodass die Züge erst ab 2017 von der DB abgenommen wurden.

Im Großraum Frankfurt [Main] ist die Baureihe 446 unterwegs, die sich durch eine Einstiegshöhe von 760 mm von den 445 unterscheidet.

Im Nahverkehrsverbund Schleswig-Holstein sind 17 Triebzüge zwischen Hamburg und Kiel bzw. Flensburg unterwegs. Vier vierteilige Züge mit zwei Triebköpfen und zwei Mittelwagen werden im Gegensatz zu den sonst verkehrsrot lackierten Fahrzeugen die grünen Farben des „NAH.SH“ bekommen. Die Züge bieten 315 Reisenden in der 2. Klasse sowie 35 in der 1. Klasse einen Sitzplatz. Außerdem gibt es zwei Mehrzweckräume und zwei Rollstuhlstellplätze. Die Mittelwagen haben Hocheinstiege, die Endwagen Tiefeinstiege. Die Züge sind in Kiel beheimatet.

Die Triebzüge für den Nahverkehrsverbund Schleswig-Holstein tragen abweichend von den anderen Zügen einen Anstrich in zwei unterschiedlichen Grüntönen. 445 022 fährt am 18. Mai 2022 in Hamburg Hauptbahnhof ein.

Anfang 2013 hat die DB Regio Franken den Betrieb auf dem Main-Spessart-Netz (Frankfurt [Main]–Würzburg–Bamberg) gewonnen. Seit Dezember 2017 bedient sie Verbindungen mit zwölf vierteiligen TWINDEXX-Triebzügen.

DB Regio Oberbayern setzt drei vierteilige und 15 sechsteilige Triebzüge zwischen Augsburg, Nürnberg und München ein. Sie sind u. a. auf den Strecken Nürnberg–Treuchtlingen–Ingolstadt–München und Nürnberg–Treuchtlingen–Augsburg unterwegs.

Auch im Main/Spessart-Netz sind seit Ende 2017 Doppelstock-Triebzüge unterwegs. Die Bahn hatte dafür sieben drei- und 17 vierteilige Züge mit unterschiedlicher Ausstattung geordert.

Im Rhein-Main- und Rhein-Neckar-Gebiet sind seit Ende 2017 sieben drei- und 17 vierteilige Züge der Baureihe 446 unterwegs. Sie verbinden u. a. Mannheim über Biblis sowie entlang der Bergstraße über Heidelberg und Darmstadt mit Frankfurt [Main].

DB Regio Oberbayern hat sechsteilige Züge mit vier Mittelwagen im Bestand. Zu ihnen gehört der 445 070, der am 1. August 2019 in München Hbf zu seiner nächsten Fahrt aufbricht.

BAUREIHE 450

Stadtbahn Karlsruhe

Einer der wenigen Stadtbahnwagen mit Vollwerbung ist der von James Rizzi gestaltete Wagen 880, der am 18. September 2018 in Richtung Karlsruhe-Albtalbahnhof unterwegs ist.

Bei der Albtal-Verkehrs-Gesellschaft (AVG) wurden Stadtbahnfahrzeuge konzipiert, die auf Straßenbahn- und Eisenbahnstrecken eingesetzt werden können. Bei den GT8-100C/2S handelt es sich um Zweirichtungs-Gelenkwagen für den Zweisystem-Betrieb. Vier dieser Fahrzeuge, die im Großraum Karlsruhe eingesetzt werden, gehörten zeitweise der DB, die übrigen der Albtal-Verkehrsgesellschaft (AVG) oder den Verkehrsbetrieben Karlsruhe (VBK). Lieferanten waren DUEWAG und ABB. Die Wagen tragen die Nummern 801 bis 836.

Als Nachfolger bestellte die AVG 86 Wagen vom Typ GT8-100D/2S-M bei Bombardier. Sie wurden zwischen 1997 und 2005 geliefert und als Wagen 837 bis 922 eingereiht.

Den Abschluss der Fahrzeugbeschaffung bei der AVG bilden die ab 2011 beschafften Wagen vom Typ ET 2010 aus der Flexity Swift-Familie. Sie stammen von Bombardier und bekamen die Nummern 923 bis 952.

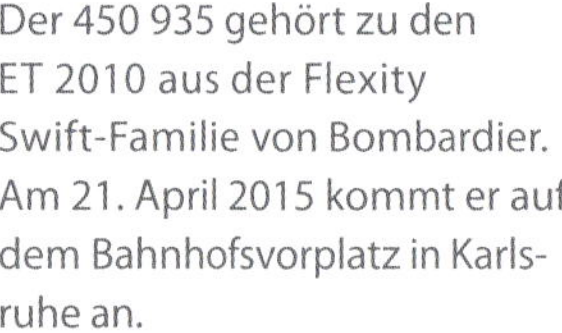

Der 450 935 gehört zu den ET 2010 aus der Flexity Swift-Familie von Bombardier. Am 21. April 2015 kommt er auf dem Bahnhofsvorplatz in Karlsruhe an.

Der Flexity-Swift 450 971 hat auf seiner Fahrt als S 4 nach Karlsruhe am 18. Juli 2022 Bretten erreicht.

Der Wagenkasten der GT8-100C/2S in Stahlleichtbauweise entspricht nicht den internationalen Vorgaben der UIC. Die geringere passive Sicherheit soll durch extrem kurze Bremswege, eine höhere Beschleunigung und die geringe Höchstgeschwindigkeit ausgeglichen werden. Die dreiteiligen Wagen laufen auf vier zweiachsigen Drehgestellen. Die beiden Mittleren sind als Jakobsdrehgestelle ausgebildet. An den Enden sind automatische Scharfenbergkupplungen montiert. Mehrere Züge können von einem Führerstand aus gemeinsam gesteuert werden.

Über einen Einholmstromabnehmer gelangt die Fahrdrahtspannung zum Transformator. Diesem ist ein Gleichrichter vorgeschaltet, der im 15-kV-Netz der DB die Spannung für die Aggregate des Fahrzeugs anpasst. Die Systemumschaltung erfolgt automatisch beim Netzübergang. Die Sicherheitssysteme erlauben den Betrieb sowohl nach der Eisenbahn-Bau- und Betriebsordnung (EBO) als auch nach der Betriebsordnung Straßenbahn (BOStrab). Der Innenraum hat offene Abteile mit stoffgepolsterten Vis-à-vis-Sitzen. An den Enden gibt es abgeschlossene Räume für den Triebfahrzeugführer.

Der Einsatz erfolgt auf den S-Bahn- und Straßenbahn-Strecken rund um Karlsruhe. Der Wagen 818 (450 002) schied 2001 nach einer Brandstiftung aus dem Betriebsbestand aus.

TECHNISCHE DATEN

- Länge über Kupplung: Zug 37.610 mm, Endwagen 10.100 mm, Mittelwagen 9.770 mm
- Radsatzfolge: B'2'2'B'
- Treibraddurchmesser: 740 mm
- Achsstand im Drehgestell: 2.100 mm
- Gesamter Achsstand: 32.070 mm
- Dienstmasse: 58,6 t
- Radsatzfahrmasse: 8 t
- Höchstgeschwindigkeit: 95 km/h
- Leistung: 2 x 230 kW
- Motorbauart: Gleichstrommotor
- Antrieb: Kegelrad
- Stromsystem: 15 kV~/16,7 Hz; 750 V=
- Indienststellung: seit 1991

Auch die Triebwagen vom Typ GT8-100D/2S-M von Bombardier wurden in die Baureihe 450 eingereiht. Am 24. Oktober 2015 wartet der Wagen 909 in Freudenstadt Hbf auf seine Rückfahrt nach Karlsruhe.

BAUREIHE 451

Stadtbahn Saarbrücken

Für den Einsatz im Großraum Saarbrücken haben sich die Saarbahnen 1997 zur Beschaffung von 28 Zügen vom Typ Flexity Link entschieden.

In den 1990er-Jahren entwickelte Bombardier Transportation mit dem Flexity-Link einen Stadtbahnwagen, der in Deutschland von der Saarbahn GmbH gekauft wurde. Vorbild ist der DUEWAG-Straßenbahnwagen Typ „Freiburg". Dieser dreiteilige Gelenktriebwagen mit acht Achsen wurde zwischen 1971 und 1991 von der Düsseldorfer Waggonfabrik für die Freiburger Verkehrs AG gebaut. Beim „Flexity Link" ermöglicht eine Zweisystem-Einrichtung den flexiblen Einsatz im innerstädtischen Straßenbahnnetz und im regionalen Eisenbahnnetz. Im nationalen Fahrzeugregister (NVR) werden die Züge als Baureihe 451 bezeichnet.

Die Fahrzeuge bestehen aus drei Teilen. Ihre Endwagen sind niederflurig ausgeführt, der Mittelwagen ist hochflurig. Zwei der vier Drehgestelle laufen unter dem Mittelteil, die anderen unter den beiden Endwagen. Alle acht Radsätze sind angetrieben. Die Aufbauten der Endwagen bestehen aus einem geschweißten Stahlträgergerippe, das von außen mit Aluminiumblechen verkleidet ist. Der mittlere Teil wurde in Aluminium-Leichtbauweise gefertigt. Er trägt die Ausrüstung für den Einsatz unter Wechselspannung. Die beiden Kopfteile sind mit glasfaserverstärktem Kunststoff verkleidet.

Die Fahrzeuge stammen von Bombardier und sind für den Zweirichtungsbetrieb eingerichtet. Die Aufnahme zeigt den Wagen 1004 am 18. März 2015 bei der Haltestelle Römerkastell.

Das stählerne Untergestell ist mit den Seitenwänden vernietet, das Dach durchgehend als Aluminiumrahmen ausgeführt. Vier elektrisch bediente Doppelschwenkschiebetüren mit Klapptrittstufen je Wagenseite sollen einen zügigen Fahrgastwechsel ermöglichen.

Die Wagen haben einen elektrischen Teil für 750 V Gleichspannung. Er wurde von Kiepe Elektrik geliefert. Der Wechselspannungsteil für 15 kV/ 16,7 Hz kommt von Elin aus Wien. Der automatische Systemwahlschalter ist neben dem Stromabnehmer auf dem Dach des Mittelteils montiert. Stromrichter und Transformator sind unterflur im Mittelteil aufgehängt.

Im Mittelteil befinden sich offene Abteile mit 2+2-Sitzen in Vis-à-vis-Anordnung. Im Mittelteil und an den Wagenenden ist der Fußboden 600 mm hoch, im Mehrzweckbereich zwischen den Einstiegstüren nur 400 mm über der Schienenoberkante. Die beiden Führerstände sind vom Fahrgastraum durch eine Zwischentür erreichbar. Sie sind klimatisiert.

Im Oktober 1997 nahm die Saarbahn unter den Nummern 1001 bis 1015 die ersten 15 Fahrzeuge in Betrieb. Später kamen weitere 13 Wagen dazu, sodass heute 28 dieser Triebwagen im Einsatz sind.

Die Züge verkehren zwischen Lebach und Sarreguemines in Frankreich. Im Abschnitt Walpershofen/Etzenhofen–Saarbrücken Ost fahren die Zweisystemwagen auf Straßenbahngleisen. Sechs Wagen waren zeitweise im Raum Kassel im Einsatz. Im Dezember 2009 wurden die Wagen 1018, 1024 und 1028 nach Karlsruhe ausgeliehen und waren auf der Linie S 9 zwischen Mühlacker und Bruchsal unterwegs.

Die Saarbahnen bedienen grenzüberschreitend auch Sarreguemines (Saargemünd) mit ihren Stadtbahnwagen. Dort wartet der Wagen 1009 am 18. März 2015 auf die Rückfahrt nach Deutschland.

TECHNISCHE DATEN

Länge über Kupplung: Zug 37.870 mm
Radsatzfolge: Bo'Bo'Bo'Bo'
Treibraddurchmesser: 660 mm
Dienstmasse: 81,6 t
Höchstgeschwindigkeit: 100 km/h
Leistung: 8 x 120 kW
Motorbauart: Drehstrom-Asynchronmotor
Stromsystem: 15 kV~/16,7 Hz; 750 V=
Indienststellung: 1997–2000

Wie bei Straßenbahnen üblich werden die Wagen immer wieder mit Vollwerbungen beklebt (1019, Saarbrücken, 18. März 2015).

BAUREIHE 452, 689

Stadtbahn Kassel

Obwohl beide Endteile angetrieben sind, wurde jeweils eines als „Steuerwagen" eingereiht. Dazu gehört auch der 989 759, der am 13. August 2015 an der Haltestelle „Am Stern" aufgenommen wurde.

Mit der Citadis-Plattform bietet Alstom Stadtbahnwagen in unterschiedlichen Ausführungen an, die bereits in vielen europäischen Städten eingesetzt werden. Darunter sind auch Zweisystem-Fahrzeuge. Die Version E/E kann beispielsweise mit 750 V Gleichspannung und 15 kV/ 16 2/3 Hz Wechselspannung betrieben werden. Die Version E/D ist eine Hybridausführung, die mit 750 V Gleichspannung aus der Oberleitung, oder dieselelektrisch angetrieben werden kann. Im Fahrzeugregister wird die E/E-Version als Baureihe 452 geführt, die E/D-Version als Baureihe 689.

Der Mittelwagen der dreiteiligen Fahrzeuge hat zwei eigene Drehgestelle. Die beiden Kopfteile stützen sich auf einer Seite am Mittelwagen ab. An der Kopfseite haben sie ein Drehgestell. Die Triebwagen können einen minimalen Bogenradius von 22 Metern befahren. Die Kopfpartien sind aus glasfaserverstärktem Kunststoff hergestellt und mit dem stählernen Wagenkasten verschraubt. Unter der großen Frontscheibe befindet sich eine Klappe, die elektrisch angehoben werden kann. Dahinter verbirgt sich die automatische Scharfenbergkupplung, mit der bis zu vier

Die nur elektrisch angetriebenen Fahrzeuge werden als Baureihe 452 bezeichnet. Zu dieser Ausführung gehört auch der 852 717.

Wagen zu einem Zug verbunden werden können. Die zweiflügeligen Einstiegstüren mit beweglichen Trittstufen befinden sich im Niederflurteil der beiden Endwagen. Auch der Mittelteil ist komplett niederflurig. Nur über den Triebdrehgestellen an den Zugenden ist der Fußboden erhöht.

Die Fahrzeuge werden von vier in den Drehgestellen aufgehängten Drehstrom-Asynchronmotoren mit IGBT-Stromrichtern angetrieben. Die Hybrid-Fahrzeuge haben in jedem Endwagen einen MAN-Sechszylinder-Dieselmotor mit einer Leistung von 375 kW. Ein angeflanschter Generator erzeugt den Strom für die Fahrmotoren. Die Treibstofftanks der E/D-Version sind in den Endwagen untergebracht. Die gesamte elektrische Ausrüstung ist auf dem Dach montiert.

Der Innenraum ist mit offenen Abteilen mit 2+2 Sitzen in Vis-à-vis-Anordnung eingerichtet. In den Endwagen sind Mehrzweckabteile mit Klappsitzen an den Wänden integriert. Im Niederflurbereich beträgt die Fußbodenhöhe 420 mm, im Hochflurbereich 660 mm über SO.

Die Regionalbahn Kassel (RBK) bestellte insgesamt 28 Fahrzeuge, von denen das erste im Juli 2004 geliefert wurde. 18 Züge (701–718) gehören zur E/E-Version, die anderen zehn (751–760) zur E/D-Hybridversion.

Die elektrischen Wagen laufen zwischen Kassel und Warburg, Melsungen und Treysa. Die Hybridwagen werden auf der Strecke Kassel–Wolfhagen eingesetzt.

Der 689 753 gehört zu den Hybrid-Triebwagen mit elektrischem und Dieselantrieb. Hier ist der Wagen auf der Linie RT 4 Wolfhagen–Kassel kurz vor Ahnatal-Weimar unterwegs.

TECHNISCHE DATEN

Länge über Kupplung: Zug 36.762 mm

Radsatzfolge: Bo'2'2'Bo'

Achsstand im Drehgestell: 1.900 mm

Gesamter Achsstand: 30.450 mm

Dienstmasse: 59,8 [1]; 63,4 [2] t

Höchstgeschwindigkeit: 100 km/h

Leistung: 4 x 150 kW

Motorbauart: Drehstrom-Asynchronmotor

Antrieb: Gummiringfeder

Stromsystem: 15 kV~/16,7 Hz; 750 V=

Indienststellung: 2004–2005

[1] E/E-Version, [2] E/D-Version

Die Endsegmente haben nur vorn ein angetriebenes, zweiachsiges Drehgestell. Hinten stützen sie sich auf dem Mittelteil ab (452 718, Kassel, Holländischer Platz, 13. August 2015).

BAUREIHE 455

Für die Schönbuchbahn

Die dreiteiligen Triebwagen aus der NEXIO-Plattform sind passgenau für den Einsatz auf der Schönbuchbahn zwischen Böblingen und Dettenhausen zugeschnitten. Der 455 001 startet am 24. Februar 2021 in Böblingen zu einer Testfahrt in Richtung Horb.

Aufgrund des stark gestiegenen Fahrgastaufkommens auf der Schönbuchbahn zwischen Böblingen und Dettenhausen entschloss sich der Zweckverband Schönbuch 2015, die Strecke mit einer Spannung von 15 kV und 16,7 Hz zu elektrifizieren. Der elektrische Betrieb konnte dann im Dezember 2019 aufgenommen werden. Die Kapazität der Strecke sollte deutlich erhöht werden. Dazu wurden Signalanlagen erneuert und die Streckengeschwindigkeit in einigen Abschnitten von 80 km/h auf 100 km/h gesteigert. Zudem wurde zwischen Böblingen und Holzgerlingen ein 15-Minuten-Takt eingeführt und die Abschnitte Böblingen–Böblingen Danziger Straße sowie Böblingen Zimmerschlag–Holzgerlingen-Hülben zweigleisig ausgebaut, um so Zugkreuzungen ohne Zeitverlust zu ermöglichen.

Weil keine dafür geeigneten Fahrzeuge zur Verfügung standen, sah sich der Verband bei mehreren Anbietern um und entschied sich schließlich für den spanischen Hersteller Construcciones y Auxiliar de Ferrocarriles, S.A. (CAF), der einen speziell für diese Strecke zugeschnittenen dreiteiligen Triebwagen aus seiner NEXIO-Plattform anbot.

Blick auf das Führerpult der Züge mit seinen vier übersichtlich angeordneten Displays.

Abweichend von der Lackierung für Baden-Württemberg haben die Triebwagen noch rote Absetzstreifen. Am 28. April 2022 rangiert der 455 502 in Böblingen.

Die Züge haben ein Mittelteil mit zwei Drehgestellen, auf dessen Enden sich Kopfteile abstützen, die jeweils auf nur einem Drehgestell laufen.

In offenen Abteilen mit je vier Sitzplätzen und Mehrzweckbereichen finden insgesamt 212 Fahrgäste einen Platz. Außerdem sind sie mit einer Klimaanlage im Führerraum und den Fahrgasträumen ausgestattet. Zusätzlich sind ein Fahrgastinformationssystem, ein bordeigener Fahrgastzähler und eine Videoüberwachung innen und außen vorhanden. Zur weiteren technischen Ausstattung zählen Hydraulikbremsen, PZB-Sicherungseinrichtungen, eine Ereignisaufzeichnung sowie ein Steuerungs- und Überwachungssystem.

Die Wagen wurden in einzelnen Segmenten ab Juni 2022 auf der Straße nach Böblingen geliefert und dort zusammengefügt. Bei ersten Test- und Messfahrten auf der Schönbuchbahn kamen Probleme mit den Bremsen zutage. Bei weiteren Messfahrten stellte sich dann heraus, dass die Fahrzeuge eine zu hohe Bremsverzögerung haben und somit bei Schnellbremsungen eine Verletzungsgefahr für die Reisenden besteht. Aus diesem Grund verweigerte das Eisenbahnbundesamt die Zulassung. Weitere Fahrten und Maßnahmen brachten nicht den gewünschten Erfolg, sodass der Betriebsbeginn der neuen Fahrzeuge im Dezember 2021 abgesagt werden musste. Im Frühjahr 2024 fanden wieder umfangreiche Tests statt, denn der Betriebsstart war nun zum Fahrplanwechsel im Juni 2024 vorgesehen. Solange verkehrten weiterhin angemietete Elektrotriebwagen der Baureihe 426 und eigene Dieseltriebwagen der Baureihe 650

TECHNISCHE DATEN

Länge über Kupplung: Zug 39.140 mm

Radsatzfolge: Bo'Bo'2'Bo'

Achsstand im Drehgestell: 2.100 mm

Dienstmasse: 90 t

Höchstgeschwindigkeit: 100 km/h

Leistung: 6 x 180 kW

Stromsystem: 15 kV~/16,7 Hz; 750 V=

Indienststellung: noch nicht erfolgt

Im Innenraum überwiegen offene Abteile mit vier Sitzplätzen. In den Endwagen sind aber auch Abstellflächen für Fahrräder, Kinderwagen etc. vorhanden.

BAUREIHE 460

Der Desiro MainLine von Siemens

Die Desiro-Züge von Siemens unterscheiden sich durch das Einzelwagen-Konzept von den meisten anderen RegionalBahn-Triebwagen. Bei ihnen lassen sich zusätzliche Mittelwagen schnell ein- und ausreihen.

Während bei den Endwagen alle Radsätze angetrieben sind, haben die Mittelwagen keine Motoren.

Die Baureihe 460 gehört zur Desiro-Plattform von Siemens. Sie unterscheidet sich vor allem durch das Einzelwagenkonzept von anderen RegionalBahn-Triebzügen. Die Züge sind sowohl für den S-Bahn-Betrieb als auch für den regionalen und überregionalen Einsatz vorgesehen. Weil seine Mittelwagen leicht ein- oder ausgereiht werden können, lassen sich die Züge schnell an Kundenwünsche anpassen. Auch der Innenraum ist in unterschiedlichen Ausführungen erhältlich.

Die beiden Drehgestelle der Endwagen sind angetrieben, die der Mittelwagen nicht. Mit einer automatischen Mittelpufferkupplung der Bauart Scharfenberg können die Züge mechanisch und elektrisch miteinander verbunden werden. Die einzelnen Wagen des Triebzugs sind über Spezialkupplungen verbunden und können nur in der Werkstatt getrennt werden. Stoßverzehrelemente neben den Kupplungen sollen größere Verformungen bei Unfällen vermeiden. Während die Endwagen wahlweise

In Deutschland haben nur die „Trans Regio Deutsche Regionalbahn" und die ODEG Triebwagen der Baureihe 460 im Bestand. Der weiße 460 003 ist meist entlang des Rheins – hier in Brohl – unterwegs.

mit ein oder zwei doppelflügeligen Schiebetüren je Seite angeboten werden, sind beim Mittelwagen zwei Türen vorgesehen. Bewegliche Trittstufen erleichtern das Ein- und Aussteigen an niedrigen Bahnsteigen.

Auf dem Endwagen A sind der Stromabnehmer und die beiden Hauptschalter für die Endwagen montiert. Endwagen 2 trägt die Kombikühlanlage mit einem Ölkreislauf zur Kühlung des Transformatoröls und einen Wasserkreislauf zur Kühlung der beiden Umrichter sowie der Fahrmotoren. Zu den Sicherheitseinrichtungen zählen die zeitabhängige Sicherheitsfahrschaltung (SIFA), die induktive Zugsicherung I60R, die Punktförmige Zugbeeinflussung des Systems PZB90 und der GSM-R-fähige Funk MTRS (MESA 23).

Im Endwagen A teilt sich der Innenraum in den Führerraum 1 und ein Mehrzweckabteil. Der Mittelwagen hat offene Abteile mit gepolsterten Sitzen in Vis-à-vis-Anordnung. Der Endwagen B hat ebenfalls einen Führerraum, ein 1.-Klasse-Abteil, ein Mehrzweckabteil und eine behindertengerechte Toilette.

Die Fußbodenhöhe liegt in den Einstiegs- und Fahrgasträumen bei 800 mm über SO, über den Drehgestellen bei 890 mm.

Im März 2007 kaufte Angel Trains 17 der dreiteiligen Triebwagen. Die grau/gelb lackierten Züge wurden von der TransRegio Deutsche Regionalbahn GmbH geleast und sind seit Dezember 2008 auf der linken Rheinstrecke zwischen Köln, Koblenz und Mainz unterwegs.

2019 entschloss sich die Ostdeutsche Eisenbahn GmbH (ODEG) zum Einsatz von Desiro ML-Zügen im Teilnetz Ostseeküste-Ost. Die sieben Züge gehören Alpha Trains bei Siemens Mobility und sind von der ODEG nur angemietet. Der erste Triebzug wurde Ende Januar 2020 abgenommen und ging kurz danach in Betrieb.

TECHNISCHE DATEN

Länge über Kupplung:	Zug 70.930 mm Endwagen 24.210 mm Mittelwagen 22.520 mm
Radsatzfolge:	Bo'Bo'+2'2'+Bo'Bo'
Treibraddurchmesser:	850 mm
Achsstand im Drehgestell:	2.300 mm
Dienstmasse:	Zug 132 t
Radsatzfahrmasse:	17 t
Höchstgeschwindigkeit:	160 km/h
Leistung:	2.600 kW
Motorbauart:	Drehstrom-Asynchronmotor
Antrieb:	Tatzlager
Stromsystem:	15 kV~/16,7 Hz
Indienststellung:	2007–2008

Mit zwei weiteren Einheiten verlässt der 460 009 am 30. September 2022 Köln Hbf in Richtung Koblenz.

BAUREIHE 462

Desiro HighCapacity

Mit dem Desiro HC bietet Siemens einen Triebwagen an, der aus einstöckigen Endwagen und doppelstöckigen Mittelwagen besteht. Im Rheintal-Netz ist der 1462 502 am 4. September 2020 in Offenburg angekommen.

Neueste Entwicklung der Desiro-Familie aus dem Hause Siemens sind die Desiro HC (HighCapacity). Es können entweder zwei oder drei antriebslose Doppelstock-Mittelwagen zwischen die angetriebenen einstöckigen Endwagen eingestellt werden. Zusätzlich sind Mehrfachtraktionen möglich, sodass sich die Kapazitäten in einem weiten Rahmen variieren lassen.

Die Fahrzeuge laufen auf luftgefederten Drehgestellen. Elektrodynamische Bremsen bringen die Züge sicher zum Stehen.

Um möglichst wenig Energie zu verbrauchen, sind die Züge so leicht wie möglich gebaut. Zusätzlich unterstützt ein Assistenzsystem den Fahrer dabei, vorausschauend zu beschleunigen und zu bremsen. Eine Klimaanlage mit CO_2-Erkennung kühlt oder erhitzt nur so viele Luft, wie in

Die ODEG beschafft für das Netz Elbe-Spree 14 vier- und 15 sechsteilige Triebwagen. Der 462 529 war 2022 auf der InnoTrans in Berlin ausgestellt.

NationalExpress hat 84 vierteilige Züge für den Rhein-Ruhr-Express (RRX) im Bestand. Dazu gehört auch der 462 055, der am 30. September 2022 Köln verlässt.

den Innenräumen benötigt wird. Auch die sparsame LED-Innenbeleuchtung hilft, Energie zu sparen.

In den Innenräumen sind offene Abteile sowie Mehrzweckräume zu finden. Transparente Trennwände vermindern Zugluft.

Eine Videoüberwachung, Notsprechstellen an allen Einstiegen, Festhaltemöglichkeiten im ganzen Zug und die intelligente Türüberwachung tragen zur Sicherheit während der Fahrt sowie beim Ein- und Aussteigen bei. Steckdosen und ein WLAN-Zugang gehören ebenfalls zur Ausstattung.

Die Züge sind so konzipiert, dass an Bahnsteigen mit einer Höhe von 760 mm über SO ein barrierefreies Einsteigen an allen Türen möglich ist. An Bahnsteighöhen von nur 550 mm Höhe lassen sich die Einstiege nachträglich leicht anpassen.

NationalExpress bestellte als erstes Unternehmen 84 vierteilige Züge für den Rhein-Ruhr-Express (RRX).

Im Februar 2020 folgte DB Regio, die vierteilige Züge für ihre Verbindungen im Raum Offenburg/Freiburg vorsah.

Für das Augsburger Netz entschloss sich Go-Ahead ebenfalls für Züge dieses Typs. Die blau/weißen Fünfteiler sollten im Dezember 2022 an den Start gehen.

Sechs- und vierteilige Züge hat die ODEG für das Netz Elbe-Spree bestellt, deren Einsatz ebenfalls im Dezember 2022 beginnen sollte.

DB Regio will die Fahrzeuge auf dem Netz Franken-Südthüringen (ab Dezember 2023) und Netz Donau-Isar (ab Dezember 2024) einsetzen. Sie werden voraussichtlich einen verkehrsroten Anstrich bekommen.

TECHNISCHE DATEN

Länge über Kupplung:
Zug 4-teilig 105.252 mm
Zug 5-teilig 131.252 mm
Zug 6-teilig 157.252 mm
Endwagen 26.226 mm
Mittelwagen 25.200 mm

Radsatzfolge:
4-teilig:
Bo'Bo'+2'2'+2'2'+Bo'Bo'
6-teilig:
Bo'Bo'+2'2'+2'2'+2'2'+2'2'+Bo'Bo'

Achsstand im Drehgestell: 2.500 mm

Dienstmasse: (vierteilig) 200 t

Höchstgeschwindigkeit: 160 km/h

Leistung: 4.000 kW

Stromsystem: 15 kV~/16,7 Hz

Indienststellung: seit 2018

Blick in den Fahrgastraum im Oberstock des 862 009. Hier sind die Sitze im von Baden-Württemberg festgelegten Design bezogen.

BAUREIHE 463

Mireo – Nachfolger des Desiro ML

Die 463 098 und 463 097 haben als DPrb 81966 Braunschweig–Cottbus am 6. Oktober 2022 den Zielbahnhof Cottbus Hbf erreicht und fahren nun als Rangierfahrt ins DB Regio-Werk.

Mit dem Mireo stellte Siemens Mobility Ende 2016 einen elektrischen Triebwagen für den Einsatz im Regional- und S-Bahn-Verkehr vor. Die Züge können mit unterschiedlich vielen Mittelwagen und Ausstattungen bestellt werden. Außer der herkömmlichen Energieversorgung direkt aus der Oberleitung stehen auch zwei Varianten als batteriebetriebener Zug (Mireo Plus B) oder als mit Wasserstoff betriebener Triebzug (Mireo Plus H) zur Auswahl.

Als kostengünstige und komplett vorkonfigurierte Variante bietet Siemens seit November 2020 die dreiteilige Ausführung Mireo Smart an. Vorteilhaft ist dabei eine Lieferzeit von nur 18 Monaten. Der dreiteilige Zug stellt 214 Fahrgästen Sitzplätze bereit, zusätzlich können noch 21 Fahrräder und zwei Rollstühle mitgenommen werden. Die 160 km/h schnellen Triebzüge sind mit einer Klimaanlage, einem Fahrgastinformationssystem, Überwachungskameras und Internetzugang für die Fahrgäste ausgestattet.

Die Züge laufen auf zweiachsigen Drehgestellen. Auffällig sind die innengelagerten Radsätze. Die Wagenkästen werden in Aluminium-In-

Die Fahrzeuge der S-Bahn Rhein-Neckar fallen durch ihre weiße Lackierung und sechs Türen auf jeder Seite auf. Am 29. Juli 2021 ist der 463 549 bei Graben-Neudorf unterwegs.

24 Züge sind im BW-Design im Großraum Offenburg/Freiburg (Breisgau) unterwegs (463 021, Offenburg, 4. September 2020).

tegralbauweise hergestellt und lassen sich an Bahnsteighöhen von 550 mm, 760 mm und 960 mm anpassen. Auch bei der Motorisierung stehen unterschiedliche Ausführungen zur Verfügung.

Nachdem der erste Zug 2016 auf der InnoTrans in Berlin vorgestellt wurde, bestellte DB Regio 24 Triebzüge für den Großraum Freiburg/Offenburg. Die in den Farben von Baden-Württemberg lackierten Wagen wurden im Herbst 2018 geliefert und gingen im Sommer 2020 nach und nach in den Plandienst. Für die S-Bahn Rhein-Neckar bestellte sie 57 Züge, die im Dezember 2020 in Betrieb gingen. Sie sind weiß lackiert und tragen große schwarze S-Bahn-Symbole. Die Züge haben pro Seite sechs doppelflügelige Schwenkschiebetüren, die eine Einstiegshöhe von 800 mm und mit ausgefahrenen Schiebetritten 770 mm ermöglichen.

Für die Strecke zwischen Köln und Remagen bestellte Alpha Trains sechs Triebwagen, die seit Dezember 2020 von der TransRegio Deutsche Regionalbahn GmbH genutzt werden. Sie entsprechen in etwa den Zügen der S-Bahn Rhein-Neckar, haben aber zwei übereinanderliegende Schiebetritte.

Für das Augsburger Netz (Los 1) hat Go Ahead Bayern 44 dreiteilige Mireo, die ab Dezember 2022 in Betrieb gehen sollen.

Ab Dezember 2022 will DB Regio sieben dreiteilige Züge zwischen Karlsruhe und Heidelberg/Mannheim über Bruchsal als Nordbaden-Express einsetzen. Zur gleichen Zeit will DB Regio Nordost mit 20 dreiteiligen Zügen im Lausitzer Netz an den Start gehen. Sie werden die ersten Züge im klassischen verkehrsroten Anstrich sein.

Ebenfalls verkehrsrot werden die sechs Züge für das Netz Donau-Isar sein, die ab Dezember 2024 als vierteilige Einheiten bestellt wurden. Sie sollen die Anbindung an den Flughafen bedienen und deshalb auch den Flughafentunnelbahnhof befahren können.

TECHNISCHE DATEN

Länge über Kupplung:
Zug 2-teilig 46.460 mm
Zug 3-teilig 69.860 mm

Radsatzfolge:
2-teilig Bo' 2 Bo'
3-teilig Bo' 2'2' Bo'

Raddurchmesser:
880 mm/810 mm

Radsatzstand im Drehgestell:
2.300 mm/2.600 mm

Drehzapfenabstand:
Endwagen 19.680 mm
Mittelwagen 19.800 mm

Dienstmasse:
3-teilig 120 t

Radsatzfahrmasse: 20 t

Höchstgeschwindigkeit:
160 km/h, 200 km/h

Dauerleistung: 2.600 kW

Stromsystem: 15 kV/16,7 Hz ~

Indienststellung: seit 2018

Für den Einsatz in Bayern ab Dezember 2022 hat Go-Ahead 44 dreiteilige Züge in blau/weißem Anstrich bestellt.

BAUREIHE 472

Bundesbahn-Neubau für Hamburg

Mitte der 1970er-Jahre beschaffte die Deutsche Bundesbahn Triebwagen für die neuen, steileren Strecken der Hamburger S-Bahn. Bei ihnen sind alle Radsätze angetrieben.

TECHNISCHE DATEN

Länge über Kupplung:	Zug 65.820 mm Endwagen 23.165 mm Mittelwagen 19.490 mm
Radsatzfolge:	Bo'Bo'+Bo'Bo'+Bo'Bo'
Treibraddurchmesser:	850 mm
Achsstand im Drehgestell:	2.500 mm
Gesamter Achsstand:	Endwagen 18.690 mm Mittelwagen 15.090 mm
Dienstmasse:	Zug 114 t
Radsatzfahrmasse:	10 t
Höchstgeschwindigkeit:	100 km/h
Leistung:	12 x 125 kW
Motorbauart:	Gleichstrom-Reihenschlussmotor
Antrieb:	Tatzlager
Stromsystem:	1,2 kV=
Indienststellung:	1974–1976, 1982–1984

Für die Hamburger City-S-Bahn mit Steigungen von bis zu 40 Promille wurde ein neuer allachsgetriebener dreiteiliger Triebwagen konstruiert. Verschiedene Fahrzeughersteller hatten den Zug zusammen mit dem BZA München und der BD Hamburg entwickelt, weil der Weiterbau der alten 470 in Anbetracht der neu gebauten Strecken mit ihren starken Steigungen nicht sinnvoll gewesen wäre. Deshalb sollten alle Radsätze angetrieben werden. Nachdem 1974 und 1975 zunächst 30 dreiteilige Züge geliefert worden waren, bestellte die DB 1982 bis 1984 32 weiter verbesserte Garnituren als Ersatz für verschlissene Triebzüge der Baureihe 471 und auch, um den steigenden Bedarf auf neuen Strecken abzudecken.

Der Zug 015/515 wurde zum Schienenreinigungszug umgebaut, mit dem Schmierfilme von den Schienen beseitigt werden konnten.

Die Wagenkästen sind komplett in Leichtbauweise hergestellt und vollständig geschweißt. Die Stirnfronten bestehen dagegen aus glasfaserverstärktem Polyester. Hinter der relativ kleinen Frontscheibe ist das Führerpult mittig angeordnet.

Am 26. Juni 2015 warten mehrere Triebzüge der Baureihe 472 in Hamburg-Altona auf ihren nächsten Einsatz.

Zwischen den Wagen gibt es keine Übergangsmöglichkeiten, obwohl die Kurzkupplung nur in der Werkstatt gelöst werden kann. An den Zugenden sind Scharfenbergkupplungen montiert. Über Gummi- und Luftfedern stützen sich die Wagenkästen auf den geschweißten Drehgestellen ab.

Allen zwölf Radsätzen ist je ein vierpoliger Gleichstrom-Reihenschlussmotor mit Tatzlagerantrieb zugeordnet. Eine Vielfachsteuerung ermöglicht den gemeinsamen Einsatz von bis zu drei Triebzügen. Alle Triebwagen beziehen ihre elektrische Energie über Schleifer an den Drehgestellen aus der seitlich geführten Stromschiene.

Die Innenraum- und Klassenaufteilungen entsprechen denen der Vorgänger. Die Traglastenabteile entfielen zugunsten von Sitzabteilen. Der Zug bietet 50 Sitzplätze in der 1. Klasse und 130 Sitzplätze in der 2. Klasse.

Zwischen 1997 und Ende 2005 durchliefen die Züge ein „Redesign"-Programm, bei dem sie neue technische Ausstattungen wie Notrufsprechstellen und die Einrichtungen zur Triebfahrzeugführer-Selbstabfertigung (SAT) bekamen. Außerdem wurde der Innenraum an das Design der Baureihe 474 angeglichen.

2022 waren die Züge aus dem Plandienst ausgeschieden und die meisten von ihnen aus den Bestandslisten gestrichen. Lediglich die Züge 014/514, 016/516, 061/561 und 062/562 wurden noch als Reserve vorgehalten. Dabei dienten der Letztgenannte zusammen mit dem umgebauten Mittelwagen 473 010 als Schienenreinigungszug.

Der 472 061/561 wurde 2020 zum Probezug für das Projekt „Sensors-4Rail" der „Digitalen Schiene Deutschland" umgebaut. Im Oktober 2021 wurde eine passende Beklebung aufgebracht.

Der 472 061/561 wurde zum Probezug für das Projekt „Sensors4Rail" der „Digitalen Schiene Deutschland" umgebaut. Am 18. Mai 2022 ist er in der Nähe des Hamburger Hauptbahnhofs unterwegs.

Dank der automatischen Scharfenbergkupplung können bis zu drei Triebzüge von einem Führerstand aus gesteuert werden. Am 11. Mai 2015 fährt 472 556 aus Hamburg Hbf aus.

Auch für Oberleitungsbetrieb

Der 474 540 gehört zu den Fahrzeugen für nur Stromschienenbetrieb. Auf seinem Mittelwagen befinden keine Dachaussparungen für elektrische Einrichtungen. Am 26. Juni 2018 beginnt der Zug seiner Fahrt in Blankenese.

Im Auftrag der Deutschen Bahn entwickelte die Arbeitsgemeinschaft Linke-Hofmann-Busch (LHB) und Adtranz den neuen S-Bahn-Triebzug der Baureihe 474 für Hamburg. In enger Zusammenarbeit mit der DB AG entstand ein neuer Triebzug, der für einen wirtschaftlichen und umweltverträglichen Betrieb der Hamburger S-Bahn sorgen sollte. Die Züge setzen sich aus den beiden angetriebenen Endwagen und dem antriebslosen Mittelwagen (Baureihe 874) zusammen.

Ein niveaugleicher Zugang mit doppelten Schiebetüren führt in den Fahrgastbereich, der mit behindertengerechten Bedienelementen ausgestattet ist. Automatische Haltestellenanzeigen und -ansagen erleichtern die Orientierung. Für hohen Fahrkomfort sollen unter anderem eine optimierte Geräuschdämmung und eine wirkungsvolle Heizungs- und Lüftungsanlage sorgen. Der Führerraum wurde von LHB-Designern mit Beteiligung der Hamburger Triebfahrzeugführer nach ergonomischen Erkenntnissen gestaltet. Nach hinten wird der Führerraum durch eine Trennwand abgeschlossen.

Die Wagenkästen der Trieb- und Mittelwagen haben eine gleichartige Rohbaustruktur. Die überwiegende Verwendung nicht rostender Stähle verbessert die Wirtschaftlichkeit im Hinblick auf die spätere Wartung und Instandhaltung. Die Wagenkästen sind luftgefedert auf die Drehgestelle aufgesetzt, wobei vertikale und horizontale Wagenbewegungen hydraulisch gedämpft werden. Die Bremse arbeitet sowohl elektrodynamisch als auch rein pneumatisch. Sie wird durch die elektronische Führerbremsanlage geregelt. Automatische Scharfenbergkupplungen an den Stirnseiten ermöglichen das Zusammenstellen von Zugverbänden mit bis zu drei Zügen.

Wie der 474 608 können Wagen mit Dachstromabnehmer auf Stromschienenstrecken und unter Oberleitung genutzt werden (Hamburg Hbf, 18. Mai 2022).

Die beiden Endwagen sind jeweils mit einem wassergekühlten GTO-Wechselrichter und vier ebenfalls wassergekühlten Drehstrom-Asynchronmotoren ohne die wartungsintensiven Schaltwerke ausgerüstet. Die Abwärme der Motoren wird für die Heizung der Fahrgasträume genutzt. Mit Ausnahme der für die Bedienung erforderlichen Elemente ist die elektrische Ausrüstung im Untergestell untergebracht. Ein in die Fahrzeugleittechnik integriertes Diagnosesystem unterstützt die Triebfahrzeugführer und das Wartungspersonal. Die neue Technik verhindert allerdings den gemeinsamen Einsatz der Triebwagen mit den Vorgängerbaureihen.

Alle Triebwagen der Baureihe 474 sind in Hamburg-Ohlsdorf beheimatet. 2006 wurden die ersten Mehrsystemzüge geliefert, die die Energie auch über Dachstromabnehmer aus der Fahrleitung entnehmen können. Sie werden auf der Strecke nach Stade und Cuxhaven eingesetzt, die ab Hamburg-Neugraben mit einer Oberleitung überspannt ist. Zu den neun Neubauten kommen 33 aus Stromschienenwagen umgebaute Züge, sodass sich der Bestand auf 42 Zweisystemzüge (Baureihe 474^3) beläuft. Dazu kommen 70 Stromschienen-Züge (Baureihen 474^1, 474^2).

TECHNISCHE DATEN

Länge über Kupplung:
Zug 66.000 mm
Endwagen 23.115 mm
Mittelwagen 19.770 mm

Radsatzfolge:
Bo'Bo'+2'2'+Bo'Bo'

Achsstand im Drehgestell:
2.300 mm

Gesamter Achsstand:
Endwagen 16.190 mm
Mittelwagen 13.280 mm

Dienstmasse:
Zug 102 t

Höchstgeschwindigkeit:
100 km/h

Leistung: 8 x 115 kW

Motorbauart:
Drehstrom-Asynchronmotor

Antrieb: Tatzlager

Stromsystem: 1,2 kV=;
15 kV~/16,7 Hz

Indienststellung: 1997–2006

Die Innenräume der 2. Klasse sind mit offenen Abteilen mit 2+2-Sitzen eingerichtet, die mit blauem Stoff im DBM-Design bezogen sind.

BAUREIHE 479

Hoch über dem Thüringer Wald

Der zum Olitätenwagen umgebaute 479 205 hat nun keinen eigenen Antrieb mehr. Sein Dach wurde geöffnet, sodass er nur noch bei schönem Wetter eingesetzt werden kann.

Auf der Flachstrecke der Oberweißbacher Bergbahn fahren drei Elektrotriebwagen mit außergewöhnlicher Herkunft. Jeder von ihnen hat seine eigene Geschichte. Die Strecke von Lichtenhain nach Cursdorf schließt an die Standseilbahn von Obstfelderschmiede an und wird seit ihrer Eröffnung 1923 elektrisch betrieben. Aus dieser Zeit

Die Strecke ist mit einer einfachen Oberleitung mit 600 V Gleichspannung elektrifiziert. Hier steht der 479 203 in Lichtenhain.

Je nach Fahrgastaufkommen sind die zweiachsigen Triebwagen einzeln oder zu zweit unterwegs.

stammt auch der mehrfach umgebaute Triebwagen 479 201, ein Produkt der Waggonfabrik Gotha. Er wurde speziell für diese Strecke gebaut.

479 203 hingegen wurde 1909 von Herbrand für die Leipziger Straßenbahn gebaut, 1955 für die Bergbahn angepasst und schließlich 1963 im Raw Gotha weitgehend neu als Eisenbahntriebwagen aufgebaut. 479 205 wurde 1984 aus einem Steuerwagen der Bergbahn umgebaut. Er war zuvor bei der Niederbarnimer Eisenbahn als Beiwagen genutzt worden. Seit 1984 präsentieren sich die Triebwagen weitgehend einheitlich.

Die Stirnseiten der geschweißten Wagenkästen ähneln denen der Berliner U-Bahn-Großprofilwagen vom Typ E III. Durch einen Mitteleinstieg mit druckluftbedienten Schiebetüren gelangen die Fahrgäste in ein Großraumabteil. Schiebetüren und oben klappbare Seitenfenster wurden dem Ersatzteillager der S-Bahn Berlin entnommen. Zwischenwände mit Drehtüren trennen die Führerstände vom Fahrgastraum ab. Die Führerstände haben keinen eigenen Einstieg von außen. Außer dem Fahrschalter sind hier das Führerbremsventil und die Sicherheitsfahrschaltung angebracht.

Eine Druckluftbremse der Bauart Knorr ergänzt die elektrische Widerstandsbremse.

Ein Stromabnehmer nimmt die 600 Volt Gleichspannung von der einfachen Fahrleitung ab. Die Wagen werden mit zwei Gleichstrom-Reihenschlussmotoren vom Typ GFM 3127 mit Tatzlagerantrieb angetrieben. Die Spannung beziehen sie über einen Straßenbahnfahrschalter und Vorwiderstände.

Die Fahrgasträume 2. Klasse haben offene Abteile, die 24 Reisenden einen gepolsterten Sitzplatz bieten. Eine Beschallungs- und eine Türschließeinrichtung mit Klingelsignal und Warnlicht sind vorhanden.

Alle Triebwagen sind in der Einsatzstelle Lichtenhain an der Bergbahn beheimatet. Sie werden einzeln oder zu zweit ausschließlich auf der drei Kilometer langen Flachstrecke der Oberweißbacher Bergbahn von Lichtenhain über Oberweißbach-Deesbach nach Cursdorf eingesetzt.

Inzwischen wurde 479 205 zum Olitätenwagen umgebaut. Er widmet sich nun Kräutern und Olitäten (Naturheilmittel) aus der Region. Die Fahrgäste können sich aus Grafiken informieren, außerdem stehen Ferngläser zur Verfügung, um die Aussicht im Thüringer Wald zu genießen. Der Wagen hat ein Glasdach und glaslose Fenster. Er wird ist von Mai bis Oktober bei schönem Wetter im Regelfahrplan eingesetzt.

TECHNISCHE DATEN

Länge über Puffer: 12.600 mm

Radsatzfolge: Bo

Gesamter Achsstand: 6.500 mm

Dienstmasse: 16,3 [1]; 15,3 t

Radsatzfahrmasse: 8 t

Höchstgeschwindigkeit: 40 km/h

Leistung: 2 x 60 kW

Motorbauart: Gleichstrom-Reihenschlussmotor

Antrieb: Tatzlager

Stromsystem: 600 V=

Indienststellung: 1963; 1981 [2]

[1] 479 201

[2] nach Umbau

BAUREIHE 480

Für die Berliner Verkehrsbetriebe

Ab Mitte der 1980er-Jahre gingen die Züge der Baureihe 480 für die Berliner Verkehrsbetriebe (BVB) in Dienst. Inzwischen stehen die Züge aber auf der Ausmusterungsliste. Zwei Züge (links 480 578) treffen sich am 21. August 2017 im Bahnhof Baumschulenweg.

Die Baureihe 480 wurde von den Berliner Verkehrsbetrieben (BVG) beschafft, die zwischen Anfang 1984 und 1993 im Westteil der Stadt für die S-Bahn verantwortlich war, die sie von der Deutschen Reichsbahn der DDR übernommen hatte. Direkt nach diesem Wechsel begann das Unternehmen Ersatzfahrzeuge für die ebenfalls übernommenen Altbauwagen der Baureihe 475 zu beschaffen, denn um auch stillgelegte Strecken wieder in Betrieb nehmen zu können, reichten die 115 Fahrzeuge der Baureihe 475 nicht aus.

1987 lieferte die Waggon-Union die ersten vier Prototypen der neuen Baureihe 480, die sich optisch deutlich von den Vorgängern unterschieden. Die kristallblauen 480 001 und 002 konnten sich gegen die traditionelle bordeauxrot-ockerfarbene Lackierung der 480 003 und 004 bei den Berlinern nicht durchsetzen und alle weiteren Wagen wurden zweifarbig lackiert. Ab 1990 begann die Auslieferung von insgesamt 81 Serientriebzügen. An deren Bau war neben der Waggon-Union auch AEG beteiligt.

Der selbsttragende Wagenkasten ist in Leichtbauweise aus korrosionsbeständigem Edelstahl gefertigt. Ein verformbares Kopfstück dient zur Aufnahme von Kräften bei Unfällen und somit zum Schutz der dahinter liegenden Fahrgastzelle. Der Wagenkasten stützt sich über je zwei Luftfederbälge auf die Drehgestelle ab.

Schleifkontakte an den Drehgestellen leiten die Gleichspannung von 750 V aus der Stromschiene in die Triebwagen.

Der 480 515 hat am 18. September 2016 den Bahnhof Messe Nord/ICC (Witzleben) erreicht.

Die acht Fahrmotoren je Doppeltriebwagen sind quer zur Fahrtrichtung in den Drehgestellrahmen befestigt und treiben die Radsätze über eine Lamellen-Kreuzkupplung an. Die Züge haben automatische Scharfenbergkupplungen an den Zugenden und Kurzkupplungen zwischen den Wagen. An beiden Längsseiten sind je drei Außenschwenk-Schiebetüren eingebaut.

Der Strom wird über zwei Schleifer je Zug von der Stromschiene abgenommen. Über Netzfilter, Gleichstromsteller und Wechselrichter gelangt die Energie zu den Drehstrom-Asynchronmotoren. Die Antriebssteuerung über Mikrocomputer eignet sich auch für einen automatischen Fahrbetrieb mit von der Strecke ausgehenden Impulsen. Gebremst wird mit einer kombinierten elektrischen Nutz- und Widerstandsbremse, die einen Teil der Energie ins Netz zurückspeisen kann, und mit einer Scheibenbremse. Eine Federspeicherbremse dient als Feststellbremse.

2002 schieden die Prototypen 480 001 bis 480 004 aus dem Bestand aus und wurden 2003 verschrottet. Um die Berlin-Grünau beheimateten Züge noch längerfristig einsetzen zu können, begann die DB 2015 mit der Aufarbeitung und Nachrüstung der Züge. Dabei bekamen sie unter anderem GSM-R-Zugfunk und neue Fahrgastinformationssysteme. Seit Oktober 2016 durfte die Baureihe 480 nicht mehr auf den Innenstadt-Strecken eingesetzt werden, weil sie kein Zugbeeinflussungssystem ZBS hatte. Nachdem einige Viertelzüge das ZBS doch noch erhalten hatten, konnten sie ab Dezember 2022 wieder auf der S 3 und somit auf die Stadtbahn eingesetzt werden. Viertelzüge ohne ZBS wurden dabei in die Mitte von Lang- und Vollzügen eingereiht.

TECHNISCHE DATEN

Länge über Kupplung:
Viertelzug 36.800 mm
Endwagen 18.400 mm
Mittelwagen 18.400 mm

Radsatzfolge: Bo'Bo'+Bo'Bo'

Treibraddurchmesser:
900 mm

Achsstand im Drehgestell:
2.200 mm

Gesamter Achsstand:
Endwagen 14.300 mm
Mittelwagen 14.300 mm

Dienstmasse: Zug 60 t

Höchstgeschwindigkeit:
100 km/h

Leistung: 8 x 90 kW

Motorbauart:
Drehstrom-Asynchronmotor

Antrieb: Tatzlager

Stromsystem: 750 V=

Indienststellung: 1987 [1)], 1990–1994

[1)] 480 001 bis 480 004

Neben den festen Sitzen sind an den Stirnseiten zwischen den beiden Zughälften zusätzliche Klappsitze montiert.

BAUREIHE 481

Erste Baureihe nach der Wende

Die Triebwagen der Baureihe 481 sind die erste Neubeschaffung der 1994 gegründeten Deutschen Bahn AG für die Berliner S-Bahn. Der 481 197 ist als S 5 nach Strausberg Nord unterwegs.

TECHNISCHE DATEN
Länge über Kupplung: Viertelzug 36.800 mm Endwagen 18.400 mm Mittelwagen 18.400 mm
Radsatzfolge: Bo'2'+Bo'Bo'
Treibraddurchmesser: 820 mm
Achsstand im Drehgestell: 2.200 mm
Gesamter Achsstand: Endwagen 14.300 mm Mittelwagen 14.300 mm
Dienstmasse: Zug 57 t
Höchstgeschwindigkeit: 100 km/h
Leistung: 6 x 100 kW
Motorbauart: Drehstrom-Asynchronmotor
Antrieb: Läuferhohlwelle
Stromsystem: 750 V=
Indienststellung: 1996–2005

Nachdem 1994 die beiden Teile der Berliner S-Bahn zusammengeführt wurden, war es nicht länger sinnvoll, unterschiedliche Neubaufahrzeuge zu beschaffen. Schon 1991 entstand ein „Lastenheft für das Einheitsfahrzeug der Berliner S-Bahn“, das 1994 noch einmal überarbeitet wurde. Es enthielt als wesentliche Ziele die Verbesserung von Komfort und Sicherheit für die Fahrgäste, eine Kostenreduzierung bei Anschaffung, Betrieb und Instandhaltung sowie eine flexible Gestaltung der Fahrgasträume. Auf der Grundlage dieses Hefts lieferte die Deutsche Waggonbau (DWA) zusammen mit der AEG Schienenfahrzeuge Hennigsdorf 1996 die ersten Viertelzüge der Baureihe 481/482.

Sie bestehen aus zwei betrieblich nicht trennbaren Wagen, die über eine Kurzkupplung miteinander verbunden sind. Erstmals ist für die Fahrgäste eine Übergangsmöglichkeit zwischen den Wagen vorgesehen. Weil nur in einem Wagen ein Führerstand eingebaut wurde, besteht die kleinste einsetzbare Einheit im Halbzug. Die mit dem Führerstand ausgerüstete Baureihe 481 hat zwei Triebdrehgestelle, die Baureihe 482 ein Trieb- und ein Laufdrehgestell, sodass sechs Achsen des Viertelzugs angetrieben sind. Die verwindungsweichen Drehgestelle in Stahl-Leicht-

Die Wagen sind mit offenen Abteilen und großzügigen Stehflächen eingerichtet. Ein Stirnübergang ist nur zwischen den beiden Wagen eines Viertelzugs vorhanden.

Nach einem großflächig beigefarbenen Anstrich laufen die Wagen inzwischen im traditionellen, rot/beigefarbenen Anstrich der Berliner S-Bahn. Hier legt 481 179 einen Zwischenhalt in Berlin-Lichtenberg ein.

bauweise basieren auf denen der Baureihe 480. Als Primärfederung wurden Gummifedern gewählt, als Sekundärfederung eine kombinierte Gummi-Luftfederung.

Der Wagenkasten als Stahl-Leichtbaukonstruktion aus Edelstahl bietet bei der Instandhaltung deutliche Vorteile gegenüber der Ausführung aus Aluminium. Die gekrümmte Frontscheibe ist in einer Frontmaske aus Kunststoff gelagert. Die Seitenfenster sind optisch zu Doppelfenstern zusammengezogen. Zweiflügelige Schwenkschiebetüren ermöglichen einen schnellen Fahrgastwechsel.

Die guten Erfahrungen mit dem Antriebskonzept der Baureihe 480 führten zur Entscheidung, auch die Baureihe 481/482 mit Drehstrom-Antriebstechnik auszustatten. Als Fahrmotoren werden eigenbelüftete Asynchronmotoren eingesetzt. Die Bremsausrüstung mit einer elektrodynamischen und einer elektropneumatischen Bremse entspricht ebenfalls weitgehend der des 480. Je nach Aufnahmefähigkeit des Netzes wird die Bremsenergie rückgespeist oder über Bremswiderstände abgeleitet. Die Fahrzeuge haben zwar eine Hauptluftleitung als Durchgangsleitung für das Einstellen in einen Wagenzug mit pneumatischer Bremse, aber keine eigene pneumatische Bremse. Die Wirkung einer zerrissenen Hauptluftleitung, die zum sofortigen Auslösen einer Schnellbremsung führt, wird durch eine elektrische Sicherheitsschleife realisiert.

Die Züge sind in den Werken Grünau und Wannsee beheimatet. Sie dürfen auf allen Linien fahren und die Linien S 1, S 2, S 25, S 3, S 5, S 7, S 75 und S 85 werden ausschließlich mit Zügen der Baureihe 481 gefahren. Fallweise werden sie auch auf den Linien S 42 und S 47 eingesetzt.

Die kleinste Einheit ist ein Viertelzug aus zwei Wagen. Er hat aber nur einen Führerstand und muss deshalb mit einem zweiten Viertelzug zu einem Halbzug kombiniert werden (481 502, Berlin Ostbahnhof).

BAUREIHE 483, 484

Die Neue für Berlin

Am 21. September 2022 fährt der vierteilige 484 024 der S-Bahn Berlin in den Bahnhof Ostkreuz ein.

Anfang der 2010er-Jahre schrieb der Verkehrsverbund Berlin-Brandenburg die Beschaffung neuer Züge für die S-Bahn Berlin aus. Den Zuschlag über eine erste Lieferung von 21 zweiteiligen Viertelzügen der Baureihe 483 und 85 vierteiligen Halbzügen der Baureihe 484 bekam ein Herstellerkonsortium aus Stadler Pankow und Siemens. Zuerst sollte aber eine Vorserie mit zehn Exemplaren geliefert werden.

Der 484 001 wurde im Sommer 2018 der Presse vorgestellt, der 484 002 stand 2018 auf der InnoTrans. Im Sommer 2019 war dann mit dem 483 004 der erste Viertelzug fertig. Nach den Test- und Abnahmefahrten, die Ende August 2020 abgeschlossen waren, konnte ab Januar 2021 der Planeinsatz beginnen.

Die Wagenkästen werden in Ungarn produziert und zur Endmontage ins Stadler-Werk in Berlin-Pankow gebracht. Die elektrische Ausrüstung

Die vierteiligen Halbzüge laufen als Baureihe 484, die zweiteiligen Viertelzüge als Baureihe 483.

Zwei Züge der Baureihe 483 warten am 12. Oktober 2022 an der Haltestelle Olympiastadion auf ihren ersten Einsatz auf der Linie S 8.

mit Antriebs- und Bremssystem, Fahrzeugsteuerung sowie Zugsicherungs- und Fahrgastinformationssysteme liefert Siemens. Auch die Drehgestelle kommen von Siemens. Die Inbetriebnahme erfolgt in Velten.

Der Anstrich der Züge orientiert sich an der traditionellen rot/gelben Lackierung der Berliner S-Bahn, nur die Türen werden abweichend schwarz lackiert. Die Züge sind durchgängig begehbar und im Fahrgastraum mit einer Klimaanlage ausgestattet. In den offenen Abteilen stehen vier Sitze in Vis-à-vis-Anordnung zur Verfügung. In den Mehrzweckbereichen gibt es Klappsitze an den Wänden. Rollstühle können in der Nähe der Führerräume abgestellt werden. Eine automatische Türschließeinrichtung, ein Fahrgastinformationssystem mit Echtzeitdaten und ein Videoüberwachungssystem ergänzen die Ausstattung. Im Viertelzug gibt es 91 Stehplätze und 82 Sitzplätze, davon 20 Klappsitze. Im Halbzug sind es 208 Stehplätze sowie 190 Sitzplätze, davon 40 Klappsitze.

Seit November 2021 laufen die Züge auf der Linie S 45. Im Sommer 2022 kam die Linie S 46 zwischen Berlin-Westend und Königs Wusterhausen im 20-Minuten-Takt dazu. Fallweise werden Züge auch auf anderen Linien eingesetzt. Seit Herbst 2022 sind die Züge auf der Linie S 8 zwischen Wildau, Grünau und Birkenwerder unterwegs. Ab Dezember 2022 ist der Einsatz auf den Ringbahnlinien S 41 und S 42 vorgesehen. Im Oktober 2023 war die Lieferung der 382 bestellten Wagen abgeschlossen, die nun bevorzugt auf den Linien S 41, S 42, S 46, S 47 und S 8 unterwegs sind.

TECHNISCHE DATEN

Länge über Kupplung:
Viertelzug 36.800 mm
Halbzug 73.600 mm
Radsatzfolge:
Viertelzug (1A)Bo'+Bo'(A1)
Halbzug (1A)Bo'+Bo'(A1)+
(1A)Bo'+Bo'(A1)

Treibraddurchmesser:
820 mm

Achsstand im Drehgestell:
2.100 mm

Radsatzfahrmasse: 13,5 t

Höchstgeschwindigkeit:
100 km/h

Leistung:
Viertelzug 6 x 100 kW
Halbzug 12 x 100 kW

Motorbauart:
Drehstrom-Asynchronmotor

Stromsystem: 750 V=

Indienststellung: 2020

In den Fahrgastabteilen gibt es neben offenen Abteilen mit je vier Sitzen auch Klappsitze an den Seitenwänden der Mehrzweckbereiche.

BAUREIHE 485

Noch von der DR beschafft

Die Züge der Baureihe 480 sind schon seit 1980 im S-Bahn-Einsatz und sollten schon mehrfach ausgemustert werden (485 070, Berlin Hbf).

Mehr als 670 Vorkriegszüge hatte die Deutsche Reichsbahn auf der Berliner S-Bahn noch im Einsatz, als ab 1980 endlich eine neue Baureihe beschafft werden konnte. Die heutige Baureihe 485/885 wurde zunächst als Baureihe 270 bezeichnet. Auf der Leipziger Frühjahrsmesse 1980 wurde ein erster Probezug der Öffentlichkeit vorgestellt. Zwischen 1980 und 1992 wurden 170 Viertelzüge, bestehend aus einem Trieb- und einem Beiwagen in Dienst gestellt. Hersteller aller Fahrzeuge war LEW Hennigsdorf bzw. die AEG, die das Werk inzwischen übernommen hatte.

Der selbsttragende Wagenkasten ist in Aluminium-Leichtbauweise unter Verwendung von Groß-Strangpressprofilen gefertigt. Der Wagenboden wurde in den Tragverband des Grundrahmens einbezogen, der auch die Kupplungsträger für die automatische Scharfenbergkupplung an der Stirnfront und die Kurzkupplung zwischen Trieb- und Beiwagen aufnimmt. Zwischen den Wagen gibt es keinen Übergang. Eine H-förmige Schweißkonstruktion bildet den Rahmen der einheitlich gestalteten Trieb- und Laufdrehgestelle. Der Antrieb ist

Die Baureihe 485 war 2017 in Berlin-Grünau zu Hause und wurde nur noch auf den Linien S 46, S 48, S 8 und S 85 eingesetzt. 2011 fährt 485 016 noch in Berlin-Hohenschönhausen an der S 75 ein.

Die Innenräume wurden inzwischen modernisiert und die alten Kunststoffsitze gegen solche mit Stoffbezug ausgetauscht.

in Tatzlagerbauweise konstruiert. Zylindrische Schraubenfedern und in Reihe geschaltete Gummifedern übernehmen die Radsatzfederung. Der Wagenkasten stützt sich mit Flexicoilfedern auf den Drehgestellrahmen ab. Die vier außen laufenden Schiebetüren je Wagenseite werden mit Druckknöpfen betätigt und mit Druckluft bewegt. Jeder Viertelzug hat nur einen Führerraum, der durch eine Tür vom Fahrgastraum aus betreten werden kann.

Zwei Schleifer je Wagenseite nehmen die Fahrspannung von der Stromschiene ab. Alle Trieb- und Beiwagen sind mit einer Starkstromleitung durchgekuppelt. Mit einem Gleichstromsteller kann die Fahrspannung stufenlos den Fahrmotoren zugeführt werden. Weiterhin ermöglicht er die Rückführung von Bremsenergie in die Stromschienen. Die Baureihe 485 verfügt über eine zentrale Zugsteuerung sowie einen elektronischen Schleuder- und Gleitschutz. Neben der elektrodynamischen Bremse sind eine elektropneumatisch bediente Scheibenbremse und eine Federspeicherbremse als Parkbremse vorhanden.

Wegen ihrer durchgehenden Starkstromleitung können die Züge nicht im gesamten S-Bahn-Netz eingesetzt werden. Sie benötigen spezielle Überbrückungen an den Netz-Trennstellen.

Abweichend vom rot/beigefarbenen Standard-Anstrich der Berliner S-Bahn wurden die Züge zunächst mit roter Lackierung und dunklen Fensterbändern abgeliefert. Sie haben aber inzwischen die traditionelle zweifarbige Lackierung.

Beide Teile eines Viertelzugs sind mit Großräumen ausgestattet. Sie enthalten offene Abteile und Traglastenabteile mit in Längsrichtung angeordneten Sitzen. Die Sitze sind gepolstert und mit Kunstleder bezogen, die Wände mit Kunststoffplatten verkleidet. An den Decken sind durchgehende Leuchtenbänder mit Leuchtstofflampen montiert.

Die Züge sind alle in Berlin-Grünau stationiert. Sie sollten schon ausgemustert werden, doch 2010 gab es massive Probleme mit der Baureihe 481, viele dieser Züge mussten zeitweise abgestellt werden. Deshalb beschloss die DB einige 485 aufarbeiten zu lassen, um die Lücken zu schließen. 2017 waren die Fahrzeuge noch auf den Linien S 46, S 47, S 8 und S 85 anzutreffen. Am 12. November 2023 wurden die Züge dann auf einer Sternfahrt zum letzten Mal auf den Linien S 47 und S 8 aus dem Plandienst verabschiedet.

TECHNISCHE DATEN

Länge über Kupplung:
Viertelzug 36.200 mm
Endwagen 18.150 mm
Mittelwagen 18.050 mm

Radsatzfolge: Bo'2'+2'2'

Treibraddurchmesser: 850 mm

Achsstand im Drehgestell: 2.500 mm

Gesamter Achsstand:
Endwagen 14.800 mm
Mittelwagen 14.800 mm

Dienstmasse: Zug 60 t

Höchstgeschwindigkeit: 90 km/h

Leistung: 4 x 125 kW

Motorbauart: Gleichstrom-Reihenschlussmotor

Antrieb: Tatzlager

Stromsystem: 750 V=

Indienststellung: 1985, 1987–1992

BAUREIHE 490

Ablösung für die Baureihe 472

Am 18. Mai 2022 fährt der 490 545 in den Hamburger Hauptbahnhof ein. Gut sind hier die in Dachnischen montierten Klimageräte zu erkennen.

TECHNISCHE DATEN

Länge über Kupplung:
66.000 mm

Radsatzfolge:
Bo'Bo'+2'2'+Bo'Bo'

Dienstmasse:
Einsystemzug 122 t
Zweisystemzug 130 t

Höchstgeschwindigkeit:
Einsystemzug 100 km/h
Zweisystemzug 140 km/h

Nennleistung:
8 x 170 kW = 1.360 kW

Stromsystem
1,2 kV =; 15 kV ~/ 16,7 Hz

Indienststellung: seit 2016

Um die in die Jahre gekommenen S-Bahn-Triebzüge der Baureihe 472 in Hamburg ablösen zu können, bestellte die S-Bahn Hamburg bei Bombardier Transportation in Hennigsdorf insgesamt 81 neue Triebzüge. 51 davon sind als Einsystemzüge (490 001 bis 051) für eine Gleichspannung von 1.200 V unterwegs und 31 als Zweisystemzüge (490 100 bis 130). Sie können zusätzlich unter einer Wechselspannung von 15.000 V; 16,3 Hz fahren.

Im Herbst 2021 bestellte die Bahn 64 weitere Zweisystemzüge, die bereits ab Werk mit dem europäischen Zugbeeinflussungssystem ETCS ausgestattet und für den automatisierten Betrieb vorbereitet sein sollen. Die Auslieferung ist für die Jahre 2025 und 2026 vorgesehen. Die Züge sollen etwa 500 Millionen Euro kosten.

Die Inneneinrichtung entspricht weitgehend der in anderen modernen S-Bahn-Triebwagen. Über Matrixanzeigen, Monitore und Lautsprecher werden die Fahrgäste über den Fahrtverlauf informiert. Klappbare Armlehnen an den Außenseiten der Sitze erhöhen die Bequemlichkeit.

Die dreiteiligen Triebzüge sind nach modernsten Methoden gefertigt, mit neuester Technik ausgestattet und dabei speziell auf die Hamburger Verhältnisse zugeschnitten. In die Endwagen sind Crashelemente integriert, um Verletzungen der Fahrgäste bei Aufstößen zu verringern.

Die Einholmstromabnehmer für die Wechselspannung sind auf den Mittelwagen montiert, die Abnehmer für die Gleichspannung seitlich an den Drehgestellen der Endwagen.

Übergänge zwischen den einzelnen Teilen erlauben eine gute Verteilung der Fahrgäste. Den Fahrgästen stehen auf jeder Zugseite neun doppelflügelige Schiebetüren zur Verfügung. Der Fahrzeugführer hat einen eigenen Zugang zum Führerraum.

Die Triebzüge bieten 190 Sitz- und 280 Stehplätze. An den Außenseiten der Sitze sind klappbare Armlehnen montiert, die den Fahrkomfort erhöhen sollen. Das Mehrzweckabteil bietet Platz für Rollstühle und Kinderwagen. Große Informationsbildschirme unterrichten die Fahrgäste über Strecke und Haltestationen. Beleuchtete Trittkanten und Knöpfe sowie Signaltöne erleichtern den Fahrgästen die Nutzung der Züge. Die Fahrzeuge haben eine Klimaanlage mit Wärmepumpe, ein Novum in Europa.

2022 waren die Züge hauptsächlich auf den Linien S 21 und S 31 anzutreffen. Auf den Linien S 1, S 11, S 2 und S 3 waren sie nur sporadisch unterwegs.

Wie alle anderen Triebwagen der Hamburger S-Bahn werden auch die 490 im Hamburg-Ohlsdorf beheimatet und betreut. Am 16. Mai 2022 taucht der 490 538 in Hamburg-Altona in den Untergrund ab.

Futuristisch mutet das Design der neuen Züge mit dem silberfarbenen „H" für Hamburg an den Stirnfronten an (Hamburg-Altona, 16. Mai 2022).

BAUREIHE 526

Elektrisch ohne Fahrleitung

Schleswig-Holstein ist das erste Bundesland, in dem die Hybrid-Triebwagen der Baureihe 526 planmäßig eingesetzt werden. Am 23. März 2022 ist ein Zug auf Probefahrt in Wustermark angekommen.

Seit einiger Zeit werden auch im Schienenverkehr alternative Antriebe zum klassischen Oberleitungs- oder Dieselbetrieb entwickelt und erprobt. Dazu gehört auch der im Oktober 2018 von Stadler vorgestellte Prototyp eines Akkutriebwagens auf Basis der FLIRT-Plattform. Der dreiteilige Zug kann im Fahrleitungsbetrieb auch seine Lithium-Ionen-Akkumulatoren aufladen, die ihn dann auf nicht elektrifizierten Strecken mit Energie versorgen. Auch das Laden an stationären Anlagen ist möglich. Zusätzlich wird die Bremsenergie in den Batterien gespeichert. Die Reichweite im Batteriebetrieb liegt im Moment bei 150 bis 190 Kilometern.

Erster Kunde war 2019 das Land Schleswig-Holstein, das 55 zweiteilige Einheiten bestellte. Der Zug wird in Leichtbauweise aus Aluminium gefertigt, hat luftgefederte Drehgestelle, ist klimatisiert und bietet 216 Fahrgästen Platz, darunter 123 auf Sitzplätzen in offenen Abteilen oder in Mehrzweckbereichen. Die blau lackierten Züge sollen nach und nach zwischen Ende 2022 und Mitte 2024 in Betrieb gehen.

Im November 2021 bestellte DB Regio 44 zweiteilige Züge für ihre Strecken in der Südpfalz. Sie sollen zwischen 2025 und 2026 in Betrieb gehen. Während die Züge für Schleswig-Holstein in der Mitte auf einem Jacobsdrehgestell laufen, haben die Fahrzeuge für die Pfalz Wagen mit jeweils eigenen Drehgestellen und sind länger. Sie bieten 153 Steh- und 172 Sitzplätze. Die Züge mit drei Türen pro Längsseite bekommen einen weißen Anstrich mit roten Endbereichen.

Die dritte Bestellung kam im Februar 2022 ebenfalls von DB Regio. Nun sind Züge für den Einsatz ab Dezember 2026 in Mecklenburg-Vorpommern vorgesehen. Die verkehrsrot zu lackierenden Züge entsprechen der Ausführung für Schleswig-Holstein und sollen auf der RB-Linie 11 zwischen Wismar–Rostock–Tessin und der RB-Linie 12 zwischen Bad Doberan–Rostock–Graal-Müritz eingesetzt werden.

TECHNISCHE DATEN

- Länge über Kupplung: 55.700 mm
- Radsatzfolge: Bo'2'2'
- Treibraddurchmesser: 870 mm
- Achsstand im Drehgestell: 2.700 mm
- Höchstgeschwindigkeit: 160 km/h
- Leistung: 2 x 500 kW
- Stromsystem: 15 kV~/16,7 Hz
- Indienststellung: ab 2023

BAUREIHE 554

Der Brennstoffzellen-LINT

Bei dieselgetriebenen Schienenfahrzeugen bietet sich ein emissionsfreier Antrieb mit Wasserstoff-Brennstoffzellen an. Hier ist besonders der französische Hersteller Alstom aktiv und bietet mit seinem Coradia-LINT eine Baureihe mit diesem Antrieb an. Der erste Zug wurde bereits im September 2016 vorgestellt. Das zweiteilige Fahrzeug hat eine Reichweite von 600 bis 800 Kilometern bei einer Höchstgeschwindigkeit von 140 km/h.

Beim Brennstoffzellen-Antrieb wird Wasserstoff und Sauerstoff in Wasser umgewandelt, dabei baut sich zwischen Anode und Kathode eine elektrische Spannung auf, mit denen die Elektromotoren und Batterien des Zugs gespeist werden.

Von September 2018 bis Ende Februar 2020 waren zwei Brennstoffzellen-Züge im Elbe-Weser-Netz im Raum Bremervörde im Probeeinsatz unterwegs. Der Wasserstoffvorrat konnte dabei in Bremervörde ergänzt werden. Die Probefahrten brachten den erhofften Erfolg und die Landesnahverkehrsgesellschaft Niedersachsen bestellte 14 Brennstoffzellen-Züge im Wert von 93 Millionen Euro, die ab Sommer 2022 zwischen Cuxhaven, Bremerhaven, Bremervörde und Buxtehude unterwegs sein sollten. Im August 2022 konnte der Regelbetrieb dann aufgenommen werden. Die Züge haben nun eine Reichweite von 1.000 Kilometern und können somit einen ganzen Tag ohne Nachtanken eingesetzt werden.

Von Sommer 2021 bis Februar 2022 war ein Wasserstoffzug in Baden-Württemberg auf der von der SWEG betriebenen Zollern-Alb-Bahn zwischen Eyach und Hechingen beziehungsweise Hechingen, Gammertingen und Sigmaringen unterwegs.

Obwohl sich auch noch weitere Bundesländer und Bahnbetreiber für die Züge interessierten, kam bis Ende 2022 keine weitere Bestellung zustande.

Die Eisenbahnen und Verkehrsbetriebe Elbe-Weser GmbH evb hat als erstes Bahnunternehmen Züge der Baureihe 554 mit Brennstoffzellenantrieb in ihrem Bestand, von denen ein Zug im September 2022 mit 1.175 Kilometer einen Reichweitenrekord mit einer einzigen Tankfüllung aufstellte.

BAUREIHE 563

Brennstoffzelle oder Batterie

Vorstellung von zwei Siemens-Mireo-Triebzügen der Baureihe 563 auf der InnoTrans in Berlin am 16. September 2022. Rechts steht der 563 006/106 (Mireo Plus B) für das Ortenau-Netz im BW-Design; links der 563 001 als Mireo Plus H zur Erprobung bei der Bayerischen Regiobahn Augsburg und bei DB-Regio Baden-Württemberg. Bei diesem Zweck ist der 563 001 in Blau/Weiß gestaltet und der 563 101 im BW-Design gehalten.

Auch Siemens bietet auf seiner Mireo-Plattform Ausführungen dieser Züge mit alternativen Antrieben an. Zum einen wird unter der Bezeichnung Mireo Plus H eine Version mit Wasserstoff-Brennstoffzellenantrieb, zum anderen unter der Bezeichnung Mireo Plus B ein Zug mit zusätzlicher Versorgung aus Speicherbatterien angeboten.

Die Züge werden sowohl zwei- als auch dreiteilig angeboten. Sie sind in Aluminium-Integralbauweise hergestellt und somit besonders leicht, was den Einsatzradius deutlich erhöht. Ein spezielles Energiemanagement trägt zur Reduzierung des Energieverbrauchs und der Lärmemissionen bei. Die Leistungselektronik basiert auf der SiC-Technologie mit Halbleiterelementen aus Siliciumcarbid. Sie sind wegen ihres niedrigen Einschaltwiderstands und der verbesserten Hochtemperatur-, Hochfrequenz- und Hochspannungsleistung den Siliziumhalbleitern überlegen.

Die Züge sind so konfiguriert, dass alle Mireo-Ausführungen untereinander kuppelbar sind.

Die Batteriezüge lassen sich besonders schnell während der Fahrt über den Stromabnehmer aus der Oberleitung oder aus ortsfesten Anschlüssen laden. Bei den Wasserstoffzügen ist ebenfalls eine Schnellbetankung möglich. So lassen sich die Standzeiten der Züge verringern. Die reine Batteriereichweite beträgt etwa 80 Kilometer.

Als erster bestellte Baden-Württemberg 27 Fahrzeuge in der Ausführung mit Batterie-Zusatzantrieb für das Regional-Netz 8 in der Ortenau. Der erste Zug wurde im September 2022 auf der InnoTrans in Berlin an Verkehrsminister Winfried Hermann übergeben. Ab Dezember 2023 sollen die zweiteiligen Fahrzeuge dann planmäßig im Baden-Württemberg-Design unterwegs sein. Als erste Verbindungen sind unter anderem Offenburg–Freudenstadt und Offenburg–Achern–Ottenhöfen vorgesehen. Auch die neue „Hermann-Hesse-Bahn" zwischen Calw und Weil der Stadt soll zum Einsatzgebiet gehören.

BAUREIHE 605

Das „advanced TrainLab"

Um auf kurvenreichen, nicht elektrifizierten Strecken die Geschwindigkeit und den Fahrkomfort erhöhen zu können, bestellte die DB Ende der 1990er-Jahre die Diesel-ICE-TD der Baureihe 605. Gebaut wurden die Wagen zwischen 1999 und 2001. Siemens lieferte die Drehgestelle samt Neigetechnik und Elektrik, Fiat Ferroviaria stellte im Auftrag der DWA die Rohbauten der Endwagen her. Die Endfertigung der Triebwagen erfolgte bei DWA/Bombardier in Ammendorf.

Die Wagenkästen sind in Aluminium-Integralbauweise gefertigt. An den Enden sind stabile Rammkonstruktionen, Stoßverzehrelemente und ein Unterfahrschutz integriert. Die Drehgestelle der Bauart SF 600 von Siemens-SGP sind als offener H-Rahmen gestaltet und mit Schraubenfedern sowie parallelen hydraulischen Dämpfern bestückt. Der Wagenkasten liegt auf der oberen Traverse auf. Mit der unteren Traverse ist sie über Pendelträger und elektromechanische Stellglieder verbunden.

Unter jedem Wagen ist ein Cummins-Motor vom Typ QSK 19-R 750 aufgehängt. Er treibt einen Drehstromgenerator an, der seine elektrische Energie an Asynchron-Fahrmotoren in den Drehgestellen weiterleitet.

Im April 1999 fanden im Prüfcenter in Wegberg-Wildenrath erste Probefahrten statt. Technische Probleme erzwangen 2003 die Abstellung der Neige-ICE. Versuche, die Züge ins Ausland zu verkaufen, schlugen fehl. Zur Fußball-Weltmeisterschaft 2006 wurden einige Züge reaktiviert und im Sonderverkehr eingesetzt.

Danach wurden die Züge in Hamburg beheimatet und fuhren nach Dänemark. 2016 beendete die DB die Vermietung an die DSB und bot ihr die Züge zum Kauf an. Die DSB lehnte das Angebot ab und seit Ende 2017 sind die 605 nicht mehr im Einsatz.

2018 und 2021 baute die DB zwei Züge in ein „advanced TrainLab" um. Sie wurden mit Messeinrichtungen ausgestattet und sind zur Erprobung neuer Technologien in ganz Deutschland unterwegs. Die Züge sind in Halle-Ammendorf beheimatet. Dort können sie mit speziellen Biokraftstoffen betankt werden, die bis zu 90 Prozent weniger CO_2 ausstoßen.

Die beiden „advanced TrainLab"-Züge unterscheiden sich durch graue Streifen von den übrigen ICE-Zügen. Am 15. Juni 2022 ist einer der Züge auf dem digitalen Testfeld der Bahn in der Nähe von Schlettau im Erzgebirge unterwegs.

TECHNISCHE DATEN

Länge über Kupplung: 106.700 mm

Radsatzfolge: 2'Bo'+Bo'2'+2'Bo'+Bo'2'

Treibraddurchmesser: 860 mm

Achsstand im Drehgestell: 2.600 mm

Dienstmasse: 219 t

Höchstgeschwindigkeit: 200 km/h

Leistung: 4 x 560 kW

Motorbauart: 6-Zylinder-Dieselmotor Drehstrom-Elektromotor

Leistungsübertragung: elektrisch

Antrieb: Bogenzahnkupplung

Indienststellung: 2001

BAUREIHE 609^{0}

LHB-Zweiteiler für Nebenbahnen

Der VT2 56-2 der AKN Eisenbahn GmbH wurde 1993 von der Linke-Hofmann-Busch GmbH, Salzgitter geliefert. Der nur mit einem Motor (Cummins KTA-19-R2) ausgestattete Doppeltriebwagen hat eine Leistung von 485 kW. Die Aufnahme entstand in Neumünster.

TECHNISCHE DATEN (VT2E)

- Länge über Kupplung: Zug 2-teilig 32.620 mm; Endwagen 16.310 mm
- Radsatzfolge: Bo'2'Bo'
- Achsstand im Drehgestell: Triebdrehgestell 2.100 mm; Jakobsdrehgest. 2.550 mm
- Gesamter Achsstand: 27.020 mm
- Dienstmasse: 51,9–55,5 t
- Höchstgeschwindigkeit: 88–100 km/h
- Leistung: 228–485 kW
- Motorbauart: 6-Zylinder-Dieselmotor; Drehstrom-Elektromotor
- Leistungsübertragung: elektrisch
- Indienststellung: 1976–1993

Ab 1976 bot Linke-Hofmann-Busch (LHB) in Salzgitter einen zweiteiligen Triebwagen für den Einsatz auf Nebenbahnen an. Noch im gleichen Jahr bestellte die Altona-Kaltenkirchen-Neumünster (AKN) 16 Exemplare des Typs VTE mit zwei Dieselmotoren. Die als VT 2.31 bis VT 2.46 bezeichneten Fahrzeuge basieren auf den U-Bahn-Wagen des Typs DT 3 der Hamburger Hochbahn.

Zwischen August und Dezember 2015 musterte die AKN ihre VTE aus und bot sie zum Verkauf an. Zwei Züge kamen zur Ascherslebener Verkehrsgesellschaft in Egeln. VT 2.38 gehört dem Verein Nebenbahn Staßfurt–Egeln. VT 2.39 und 2.42 gingen an das Bayerische Eisenbahnmuseum in Nördlingen. Sie wurden im Sommer 2017 von der Regiobahn zwischen Düsseldorf und Mettmann genutzt.

Ab 1981 bot LHB auch eine Version mit nur einem Dieselmotor als VT/VS2E an. Wagen dieser Bauart kamen 1987 zur Frankfurt–Königsteiner Eisenbahn (FKE) und bekamen die Nummern 1 bis 8. Heute fahren sie für die Hessische Landesbahn (HLB). 1991 wurden zwölf weitere Wagen beschafft und unter den Nummern 11 bis 21 eingereiht. Sie waren für den Verkehrsverband Hochtaunus (VHT) unterwegs.

2006 und 2007 wurden die Wagen bei Bombardier in Berlin modernisiert und bekamen neue Lüftungs- und Heizungsanlagen mit Standheizungen. Neue Sitze und Trennscheiben ließen den Innenraum transparenter erscheinen.

2022 liefen die Züge noch im Rhein-Main-Verkehrsverbund (RMV) auf der Taunusbahn (Linie 15) und Königsteiner Bahn (RMV-Linie 12). Inzwischen sind sie alle aus dem Plandienst verschwunden

1993 beschaffte die AKN weitere 18 Triebwagen. Die moderneren VTA basieren auf dem VT2E. Bei der AKN wurden sie als VT 2.51 bis VT 2.68 eingereiht. VT 2.51 bis 57 und 2.68 bekamen Stromabnehmer für die Stromschiene der Hamburger S-Bahn und können als Hybridfahrzeuge eingesetzt werden. Alle Wagen wurden inzwischen mit neuen Zugzielanzeigern und LED-Rückleuchten ausgestattet.

BAUREIHE 609[1]

Aus Österreich: Der Integral

Der Integral VT 101 (609 101) der Regiobahn Fahrbetriebsgesellschaft mbH steht als S 28 mit Reiseziel Kaarster See am 20. Mai 2022 in Mettmann-Stadtwald.

Der modular aufgebaute Glieder-Triebzug Integral der Integral Verkehrstechnik AG in Jenbach (Österreich) wurde ein- oder doppelstöckig in unterschiedlichen Varianten angeboten. Außer unterschiedlichen Ausstattungen standen auch ein elektrischer Antrieb oder ein Dieselantrieb zur Auswahl. Ursprünglich sollte mit diesen Zügen die Wiener S-Bahn modernisiert werden. Dazu kam es aber nicht. Aus der gesamten Angebotspalette wurden nur 17 Fahrzeuge der Ausführung S5D95 für die Bayerische Oberlandbahn (BOB) gebaut.

Der Zug besteht aus zwei Endsegmenten mit Führerständen und zweiachsigen Laufwerken sowie aus einem ebenfalls zweiachsigen Mittelsegment. Dazwischen können niederflurige, schwebende Elemente ohne Laufwerke eingereiht werden. Faltenbälge sichern die Übergänge zwischen den einzelnen Teilen.

Die luftgefederten Radsätze sind beweglich im Rahmen montiert und bilden ein virtuelles Drehgestell, in dem sie sich auf den Kurvenradius einstellen. Mit automatischen Scharfenberg-Mittelpufferkupplungen, die hinter geteilten Bugklappen verborgen sind, können bis zu vier Züge zu einer betrieblichen Einheit verbunden werden.

Die Züge der BOB haben drei MAN-Motoren vom Typ D2876 LUH mit jeweils 315 kW. In einem der Triebköpfe sind zwei der Motoren, der dritte ist im anderen Triebkopf. Jeder Motor treibt über ein hydraulisches Getriebe von Voith einen Radsatz an.

Die Triebwagen bieten 164 Reisenden der 2. Klasse und 14 Fahrgästen der 1. Klasse einen Sitzplatz. Dazu kommen 200 Stehplätze.

1999 gingen die Wagen bei der BOB in Betrieb. Allerdings traten bald so große Probleme mit dem Laufwerk auf, dass alle Züge zur Überarbeitung an den Hersteller zurückgegeben werden mussten. 2001 gingen die Züge wieder in den Betrieb.

2020 trennte sich die BOB von den Zügen und verkaufte sie an die Regiobahn, die sie nun von Mettmann aus auf der Strecke Regiobahn-Strecke Kaarst–Düsseldorf–Mettmann–Wuppertal einsetzt. Dazu werden acht Triebwagen benötigt.

TECHNISCHE DATEN

Länge über Kupplung: Zug 5-teilig 52.990 mm

Radsatzfolge: A'A'1'1'1'A'

Treibraddurchmesser: 840 mm

Achsstand: 4.700 mm

Gesamter Achsstand: 40.600 mm

Dienstmasse: 84,5 t

Höchstgeschwindigkeit: 160 km/h

Leistung: 3 x 315 kW

Motorbauart: 6-Zylinder-Dieselmotor

Leistungsübertragung: hydraulisch

Indienststellung: 1998

BAUREIHE 612

Der RegioSwinger

Die Triebwagen für Baden-Württemberg wurden aufgearbeitet, bekamen dabei eine neue Inneneinrichtung und eine Lackierung in Landesfarben. Der 612 020 fährt als IRE 6 (3855) am 14. Juni 2022 durch Stuttgart-Obertürkheim.

Basierend auf dem Vorgängermodell 611 wurde die Baureihe 612 als RegioSwinger mit modifizierter Kopfform und Inneneinrichtung entwickelt. Für die Baureihe 612 wurde im Wesentlichen die Konstruktion des 611 übernommen. Neu sind jedoch die aus glasfaserverstärktem Kunststoff hergestellten Führerhäuser.

Moderne Leicht- und Integralbauweise dominiert die Struktur des zweiteiligen Zuges. Die Wagenkästen bestehen aus Aluminium-Groß-Strangpressprofilen. Die elektronische Neigeeinrichtung AEG-Neicontol-E von Adtranz ermöglicht das Neigen des Kastens um acht Grad in beide Richtungen. Bei Kurvenfahrten werden die Bewegungen der Drehgestelle von Sensoren erfasst und über eine Elektronik an die Stellmotoren weitergeleitet. Ein bürstenloser Servomotor überträgt sein Drehmoment über ein Stirnradgetriebe und einen linearen Spindelantrieb auf den Wagenkasten. Die Drehgestelle bestehen aus einem

612 901 gehört DB Systemtechnik in Minden und wird ausschließlich zu Mess- und Versuchsfahrten genutzt. Am 11. November 2015 ist der Zug bei Stuttgart-Sommerrain unterwegs.

Die Kemptener Wagen sind in Südbayern unterwegs und erreichen auch Ulm Hbf. Hier wartet 612 079 am 5. Juli 2017 auf Ausfahrt nach Oberstdorf.

Hauptrahmen, der über primäre und sekundäre Luftfedern mit dem Wagenkasten verbunden ist. Durch vier einfache Schwenkschiebetüren je Längsseite können die Reisenden ein- und aussteigen. Ein Faltenbalg sichert den Übergang zwischen den beiden Wagenteilen.

In jeder Wagenhälfte übernimmt ein direkt einspritzender, elektronisch geregelter Sechszylinder-Dieselmotor Bauart QSK R-19 750 mit Abgasturbolader und Ladeluftkühlung von Cummins den Antrieb. Ein Voith-Strömungsgetriebe der Bauart Tr 312 b überträgt das Drehmoment des Motors auf die mittleren Drehgestelle der Doppelwagen. Mit Ausnahme der Klimaeinrichtungen sind alle Aggregate unterflur angeordnet.

Die Wagen haben in beiden Klassen Großräume. Das 1.-Klasse-Abteil ist hinter dem Führerraum des 612⁰ angeordnet. Der Mehrzweckraum ist am mittleren Ende des 612⁰ untergebracht. Die festen Sitze sind sowohl in Reihe als auch vis-à-vis angeordnet und mit blauem Stoff bezogen. Längsgepäckablagen ergänzen die Ausstattung.

Die zu DB Regio gehörenden Wagen werden im schnellen Regionalverkehr von den Betriebshöfen Erfurt, Hof, Kassel, Kempten und Ulm eingesetzt. Die Ulmer Wagen gehören dem Regionalverkehr Alb-Bodensee (RAB). Sie bekamen eine neue Inneneinrichtung und den gelb/weiß/schwarzen Anstrich für Baden-Württemberg.

Der unter Regie und auf eigene Kosten von Adtranz entwickelte Prototyp 612 901/902 gehört der DB Systemtechnik Minden und wird in ganz Deutschland zur Erprobung neuer Komponenten verwendet.

TECHNISCHE DATEN

Länge über Kupplung: Zug 2-teilig 51.750 mm Endwagen 25.400 mm

Radsatzfolge: 2'B'+B'2'

Treibraddurchmesser: 890 mm

Achsstand im Drehgestell: 2.450 mm

Gesamter Achsstand: 19.950 mm

Dienstmasse: 108 t

Höchstgeschwindigkeit: 160 km/h

Leistung: 2 x 559 kW

Motorbauart: 6-Zylinder-Dieselmotor

Leistungsübertragung: hydrodynamisch

Antrieb: Gelenkwellen, Radsatzgetriebe

Indienststellung: 2000–2003

Am 26. August 2020 treffen 612 636 und 612 605 in Tübingen Hbf aufeinander. Der 612 636 fährt als IRE nach Stuttgart, der 612 605 als RB.

BAUREIHE 615

Der zweiteilige Regio-Shuttle

Die ITINO von Bombardier sind die größere Version der einteiligen Regio-Shuttle (RS 1, Baureihe 650). Die Aufnahme zeigt den 615 606 am 9. April 2015 in Hainstadt.

Um seinen Kunden auch einen größeren RegionalBahn-Triebwagen als den einteiligen RS 1 anbieten zu können, entwickelte Adtranz (heute Bombardier) die mehrteiligen Triebwagen ITINO. Die Züge sind modular aufgebaut und können als zwei- oder dreiteilige Einheiten mit unterschiedlichen Antrieben und Ausstattungen bestellt werden. Der Hersteller bietet die Fahrzeuge sowohl mit dieselhydraulischem als auch mit dieselmechanischem Antrieb an.

Die Wagenkästen sind bis auf die Kopfteile aus Aluminiumprofilen gefertigt. Für die Führerräume wurde glasfaserverstärkter Kunststoff (GfK) verwendet. Ein Crashsystem soll Beschädigungen bei Aufstößen vermeiden. Dazu haben die Wagen Stoßverzehrelemente neben den automatischen Scharfenbergkupplungen. Bei Unfällen nehmen die Elemente Energie auf, indem sie sich verformen. Zwischen den beiden angetriebenen Enddrehgestellen laufen antriebslose Jakobsdrehgestelle, auf die sich je zwei Wagenkästen abstützen.

Die ITINO VT 108 (615 108, links) und VT 109 (615 109, rechts) der VIAS warten am 13. Juni 2020 im Bahnhof Erbach (Odenwald) auf ihre nächsten Einsätze.

In Erfurt treffen sich der ITINO und ein RS 1 der Erfurter Eisenbahn. Hier werden die Unterschiede der beiden von Bombardier gebauten Typen deutlich.

Außer der elektropneumatischen Bremse haben die Fahrzeuge einen Retarder, der in das Getriebe integriert ist. Beide Bremssysteme werden über einen Rechner koordiniert, der die optimale Bremsleistung ermittelt. Er bevorzugt die verschleißfreie Retarder-Bremse und schaltet erst bei höheren Bremskräften die pneumatische Bremse zu.

Bis zum Baujahr 2006 wurden Zwölfzylinder-MAN-Motoren vom Typ D 2842 LE 607 mit einer Leistung von 500 kW eingesetzt. 2008 wechselte man zum Achtzylinder-Motor Typ Vector 8 von Fiat Powertrain Technologies mit einer Leistung von 560 kW. Die Züge bekamen zunächst ein Voith Turbogetriebe vom Typ T212. Es gibt sie aber auch mit dem Schaltgetriebe Ecolife von ZF Friedrichshafen. Über Dachkühlanlagen wird die Abwärme der Antriebsanlagen abgeführt.

Die Innenräume sind klimatisiert. Zwischen den Einstiegsräumen sind die Züge niederflurig ausgeführt. Hier sind die rollstuhlgerechten Plätze und die behindertengerechte Toilette untergebracht. Über den angetriebenen Enddrehgestellen musste der Boden höher ausgeführt werden.

Der 615 201 war der erste ITINO in Deutschland. Er gehört der Erfurter Bahn (EIB), die ihn zusammen mit Regio-Shuttle auf den Strecken zwischen Erfurt, Kassel und Ilmenau einsetzt. Die Triebwagen 615 101 bis 126 fahren für die VIAS GmbH. Seit Dezember 2005 werden die ersten 22 Triebwagen im Plandienst eingesetzt. Die restlichen vier folgten im März 2010. Die Züge sind im Odenwald auf den Strecken Eberbach–Darmstadt–Frankfurt [Main] und Wiebelsbach–Frankfurt [Main] unterwegs. 24 zweiteilige und sechs dreiteilige ITINO werden zur Zeit in Schweden von der Tåg i Bergslagen eingesetzt.

TECHNISCHE DATEN

Länge über Kupplung:
Zug 2-teilig 39.470 mm
Endwagen 25.400 mm

Radsatzfolge: B'2'B'

Achsstand im Drehgestell:
Triebdrehgestell 2.100 mm
Laufdrehgestell 2.700 mm

Dienstmasse: 77 t

Höchstgeschwindigkeit:
140 km/h

Leistung: 2 x 500 kW

Motorbauart:
12-Zylinder-Dieselmotor

Leistungsübertragung:
hydraulisch

Antrieb: Gelenkwellen,
Radsatzgetriebe

Indienststellung: seit 2004

Mit 26 Triebwagen der Baureihe 615 bedient VIAS den Regionalverkehr rund um den Odenwald (615 610, Hanau, 10. Juli 2015).

BAUREIHE 620, 622

LINT 54 und LINT 81 von Alstom

Zur neuesten Ausführung der LINT-Triebwagen von Alstom gehören die zweiteiligen Dieseltriebwagen der Baureihe 622. Hier fährt 622 007 in Köln Hbf ein.

Neueste Ausführungen der von Alstom Transport in Salzgitter gebauten Dieseltriebwagen der LINT-Familie (LINT = Leichter Innovativer Nahverkehrstriebwagen) sind die zweiteiligen Wagen LINT 54 (Baureihe 622) und die dreiteiligen LINT 81 (Baureihen 620/621). Die Züge bauen auf den bewährten Ausführungen LINT 27 (Baureihe 640) und LINT 41 (Baureihe 648) auf und unterscheiden sich von diesen vor allem durch eine neue, crashoptimierte Front. Außerdem wurden nach den Vorgaben der EU-Norm TSI die Barriere- und die Beinfreiheit verbessert. Der Brandschutz musste ebenfalls verbessert werden.

Im Gegensatz zu den früheren Ausführungen wurde hier auf Jakobsdrehgestelle verzichtet, alle Wagen haben zwei Drehgestelle. Bei den LINT 54 sind drei Drehgestelle angetrieben, bei den LINT 81 vier. Jedes Drehgestell bildet mit einem Motor von Daimler mit Turbolader und angeschlossenem Wandlergetriebe von MTU eine eigene Antriebseinheit. Bei Bedarf können die Triebwagen auch mit einer ausgeschalteten Antriebsanlage eingesetzt werden, was den Kraftstoffverbrauch reduziert. Durch die automatischen Kupplungen der Bauart Scharfenberg lassen

Der nagelneue 1622 002/502 der ODEG ist am 10. November 2021 in Ahlten (bei Hannover) unterwegs.

Die SWEG setzt ihre Triebwagen auf der Schwäbischen Alb ein. Am 10. August 2020 wartet der 622 458 in Ulm Hbf auf Ausfahrt.

sich Zugverbände bilden, bei denen bis zu drei Einheiten gemeinsam gesteuert werden. Als Bremsen wurden druckluftbetätigte Scheibenbremsen eingebaut. Zusätzlich ist an jedem Triebdrehgestell eine Magnetschienenbremse montiert. Als Feststellbremse dient eine Federspeicherbremse.

Der Wagenkasten ist als verwindungssteife Röhre aus Stahlprofilen hergestellt, die von außen beblecht ist. Er stützt sich über Gummi-Konusfedern mit Schwingungsdämpfern auf die verwindungsweichen Rahmen der Drehgestelle ab. Die Seitenfenster, für die Verbund-Sicherheitsglas verwendet wurde, sind von außen in die Wände eingeklebt. Die Innenwände sind mit Kunststoff-Formteilen verkleidet.

Je nach den Wünschen der Kunden lassen sich die Innenräume flexibel einrichten. Die DB hat sich für eine Version mit 300 Sitzplätzen im LINT 81 und 180 Plätzen im LINT 54 entschieden. Einige davon sind Klappsitze. Die Einzelsitze stammen von der Franz Kiel GmbH in Nördlingen. Sitzpolster und Rückenlehnen sind mit blauem Stoff bezogen, im Kopfbereich wurde schwarzes Kunstleder verwendet.

Je zwei 1,30 Meter breite Schwenkschiebetüren pro Seite und Zugteil ermöglichen einen schnellen Fahrgastwechsel. Damit sich Reisende durch schließende Türen nicht verletzen, sind Lichtgitter und Kontaktleisten montiert; zudem weisen optische und akustische Signale auf das Schließen der Türen hin. Um den Abstand zum Bahnsteig zu verringern bzw. das Ein- und Aussteigen an niedrigen Bahnsteigen zu vereinfachen, sind unter den Türen bewegliche Schiebetrittstufen montiert. Vom Zugpersonal zu bedienende Rampen erleichtern das Ein- und Aussteigen für Rollstuhlfahrer. Zwischen den beiden Türen befindet sich ein Niederflurbereich mit Mehrzweckräumen und Klappsitzen sowie barrierefreien

TECHNISCHE DATEN 620
Radsatzfolge: B'2'+'B'2'+B'B'
Länge über Kupplung: Zug 3-teilig 80.920 mm
Dienstmasse: Zug 138 t
Antrieb: mechanisch
Nennleistung: 4 x 390 = 1.560 kW
Höchstgeschwindigkeit: 140 km/h
Indienststellung: seit 2011

VIAS hat den VT 202 A (622 274) im Bestand. Er steht am 3. April 2018 in Hanau für Fahrgäste bereit.

Der 620 676 wird von der Bayerischen Regiobahn GmbH im Dieselnetz Augsburg 1 eingesetzt. Sein Einsatz brachte ihn zusammen mit einem zweiteiligen 622 am 20. Juli 2019 nach München Hbf.

TECHNISCHE DATEN 622
Radsatzfolge: B'2'+B'B'
Länge über Kupplung: Zug 2-teilig 54.270 mm
Dienstmasse: Zug 98 t
Antrieb: mechanisch
Nennleistung: 3 x 390 = 1.170 kW
Höchstgeschwindigkeit: 140 km/h
Indienststellung: seit 2011

Toiletten. Zudem können hier Fahrkarten- oder Snackautomaten eingebaut werden.

Mit einem Fahrgastinformationssystem, einer Videoüberwachungsanlage und Audiosystemen lässt sich die Ausstattung der Innenräume ergänzen. Die beiden Führerräume und die Fahrgasträume lassen sich voneinander unabhängig durch eigene Klimaanlagen, die auf den Dächern montiert sind, temperieren. Zum Heizen der Räume wird die Abwärme der Dieselmotoren genutzt. Reicht diese nicht aus, werden dieselbetriebene Zusatzheizgeräte zugeschaltet.

Die dreiteiligen Triebwagen der Baureihen 620/621 und die Zweiteiler 622 001/501 bis 622 018/518 sind in Köln beheimatet. Von dort aus werden sie auf den Linien RE 12 (Köln–Trier), RE 22 (Köln–Gerolstein), RB 24 (Köln–Kall/Gerolstein), RB 23 (Bonn–Bad Münstereifel), RB 25 (Köln–Meinerzhagen) und RB 30 (Bonn–Ahrbrück) unter dem Markennamen „vareo“ eingesetzt. Um die Kapazität zu steigern, hat die DB zusätzlich neun motorisierte Mittelwagen bestellt, mit denen LINT 54 zu LINT 81 verlängert wurden. Der Umbau war im September 2016 abgeschlossen. Das Hochwasser 2021 im Ahrtal beschädigte mehrere LINT 81, von den zwei wohl nicht mehr aufgearbeitet werden.

Die 622 021/521 bis 622 044/544 sind in Ludwigshafen beheimatet und auf den Linien RB 35 (Worms–Alzey–Bingen), RB 45 (Neustadt–Bad Dürkheim–Freinsheim–Grünstadt–Monsheim), RB 46 (Frankenthal–Freinsheim–Grünstadt–Ramsen), RB 62 (Worms–Biblis) und RB 63 (Worms–Bensheim) unterwegs. Die Wagen aus Rheinland-Pfalz unterscheiden sich beim Anstrich von den übrigen LINT. Sie sind grau lackiert und haben rote Köpfe.

Drei ERIXX-Triebwagen der Baureihe 622 werden in Hannover Hbf als erx 82875 nach Bad Harzburg bereitgestellt. Es führt der 622 215.

Auf den Linien RE 10, RB 32, RB 42, RB 43 und RB 47 des Dieselnetzes in Niedersachsen/Bremen setzt Erixx seit Dezember 2014 28 Triebwagen ein. Diese Züge haben nur zwei Antriebsanlagen (Radsatzfolge B'2'+2'B') und nur 157 Sitzplätze.

Die AKN bestellte 14 Züge, die seit Dezember 2015 auf der Stammstrecke A 1 zwischen Hamburg und Neumünster unterwegs sind.

Auf der RB 62 zwischen Itzehoe und Heide setzt die Regionalbahn Schleswig-Holstein drei Triebwagen vom Typ LINT ein. Sie sind im grünen Design der NAH.SH unterwegs.

Seit Dezember 2014 werden einige RE-Linien im Dieselnetz Südwest in Rheinland-Pfalz und dem Saarland von der Vlexx GmbH, einer Tochtergesellschaft der Regentalbahn, betrieben.

Im September 2012 bestellte die Netinera 63 LINT-Triebzüge für Verbindungen zwischen Frankfurt [Main] und Saarbrücken sowie zwischen Koblenz und Kaiserslautern.

In Baden-Württemberg wird das Netz 12 seit 2019 mit LINT-Triebwagen der SWEG bedient. Dazu gehören die Linien Ulm–Aalen, Ulm–Langenau und die Ulm–Munderkingen und die Bodenseegürtelbahn. Die SWEG nutzt dafür die 622 451 bis 465 mit einer Einstiegshöhe von 55 cm und mit 18 Fahrradstellplätzen. Später kamen noch die Verbindungen auf dem Netz Zollern-Alb 1 und 2 zwischen Tübingen, Hechingen, Balingen, Gammertingen und Sigmaringen hinzu.

Bei der Bayerischen Oberlandbahn (BOB) sind Triebwagen vom Typ LINT 52 seit Mitte 2020 unterwegs. Sie werden als Flügelzüge von München nach Bayrischzell, Lenggries und Tegernsee genutzt.

Die Aufschrift „vareo" setzt sich aus den Anfangsbuchstaben der Landschaften des „Kölner Dieselnetzes" zusammen. So steht „v" für Voreifel, „a" für Ahrtal, „r" für Rhein, „e" für Eifel und „o" für Oberbergisches Land und Oberes Volmetal (620 022, Köln Hbf, 30. September 2022).

Am 20. März 2015 steht 620 910 in Bad Sobernheim. Er wird von der Vlexx GmbH, einer Tochtergesellschaft der Regentalbahn, auf dem Dieselnetz Südwest eingesetzt.

BAUREIHE 626

Für Privatbahnen entworfen

Auf der Wieslauftalbahn zwischen Schorndorf und Rudersberg setzte die WEG bis vor kurzem noch NE 81 ein. Hier ist der 626 422 bei Rudersberg unterwegs.

Mit den vierachsigen Dieseltriebwagen der Bauart NE 81 von DUEWAG und der Waggon-Union konnte ab 1981 der dringende Bedarf an Fahrzeugen für den Einsatz auf Nebenstrecken privater EVU gedeckt werden. In vier Serien wurden insgesamt 26 Triebwagen, drei Beiwagen und 14 Steuerwagen hergestellt. Die zweite Serie unterscheidet sich unter anderem durch ihre modifizierte Form mit kleinerer Frontscheibe und neuen Scheinwerfern von den Vorgängern. In die ab 1993 gebauten Wagen wurden zudem andere Sitze eingebaut. Die Höchstgeschwindigkeit konnte auf 100 km/h angehoben werden. Die letzten NE 81 wurden 1995 ausgeliefert.

Der verschweißte Wagenkasten ist eine von außen beblechte Stahlkonstruktion in Profil-Bauweise. Zahlreiche Bauteile wie Motoren, Türen und Fenster wurden aus dem Omnibusbau übernommen.

Die erste Bauserie hat zwei MAN-Motoren mit einer Leistung von je 200 kW. So kann in der Ebene eine Anhängelast von 400 t befördert werden. Die zweite Serie hat eine Leistung von 2 x 250 kW.

Das Innere ist ein Großraum mit offenen Abteilen und Reihensitzen in 2+2-Anordnung. Weil ein Einmannbetrieb vorgesehen ist, wurden die Führerstände nicht vom Fahrgastraum abgetrennt. So kann der Fahrer den Fahrgastraum überwachen und Fahrkarten verkaufen. Eine Glaswand mit Pendeltür trennt den Fahrgastraum in ein Nichtraucher- und ein Raucherabteil. Einige Triebwagen sind mit einem geschlossenen WC-System ausgestattet. Die Übrigen wurden ohne Toiletten geliefert.

Die NE 81 können zusammen mit Bei- und Steuerwagen oder in Mehrfachtraktion eingesetzt werden. Wegen ihrer starken Motorisierung eignen sie sich auch als Schlepptriebwagen im leichten Güterzugdienst.

Im Herbst 2006 übernahm die Westfrankenbahn, eine Tochter von DB Regio, drei Trieb- und zwei Steuerwagen von der Kahlgrund Verkehrs-GmbH. 2010 wurden sie ausgemustert und gingen an die HWB Verkehrsgesellschaft mbH über.

Außer bei der DB waren 2020 unter anderen bei folgenden privaten EVU noch Fahrzeuge der Bauart NE 81 im Bestand: RBG, SAB, SWEG, HzL, WEG, RBG und NOB.

TECHNISCHE DATEN

Länge über Puffer: 23.894 mm

Radsatzfolge: B'B'

Treibraddurchmesser: 900 mm

Achsstand im Drehgestell: 2.200 mm

Gesamter Achsstand: 17.300 mm

Dienstmasse: 39 t

Höchstgeschwindigkeit: 80 [1], 100 [2] km/h

Leistung: 2 x 200 [1], 2 x 250 [2] kW

Leistungsübertragung: hydrodynamisch

Antrieb: Gelenkwellen, Radsatzgetriebe

Indienststellung: 1981–1995

[1] 1. Bauserie, [2] 2. Bauserie

BAUREIHE 627[1]

Der Jenbacher (ÖBB-Reihe 5047)

In den 1990er-Jahren waren die Nordfriesischen Verkehrsbetriebe (NEG) auf der Suche nach einem modernen Triebwagen mit dem sie den Betrieb auf ihrer Verbindung zwischen Niebüll und Dagebüll bei geringerem Fahrgastaufkommen effizienter gestalten wollten. Der Triebwagen sollte aber so viel Leistung haben, dass bei Bedarf auch Reisezug- oder Güterwagen mitgenommen werden konnten.

Weil man bei deutschen Herstellern nicht fündig wurde, bestellten die NEG bei den Jenbacher Werken einen einteiligen, vierachsigen Triebwagen, der schon seit 1987 für die Österreichischen Bundesbahnen (ÖBB) gebaut und dort als Reihe 5047 geführt wurde. Sie übernahm den Wagen 1995 und reihte ihn als T4 in ihren Bestand ein.

Um den kompletten Fahrgastraum freizuhalten, sind alle Aggregate unterflur aufgehängt. Dazu gehört ein Zwölfzylinder-Viertakt-Dieselmotor mit einer Leistung von 419 kW. Er treibt über ein hydrodynamisches Zweiwandlergetriebe und Achsgetriebe zwei Radsätze eines Drehgestells an. Das andere Drehgestell ist nur ein Laufgestell. Beide Drehgestelle haben Luft- und Gummifedern für einen möglichst hohen Fahrkomfort.

Der Innenraum ist als Großraum ausgeführt, an dessen beiden Enden Führerstandeinrichtungen vorhanden sind. An den Wagenenden befinden sich auch die vier Einstiegstüren, so kann der Fahrzeugführer bei Bedarf auch Fahrkarten an die Fahrgäste verkaufen. Die unterste Stufe der Schwenkschiebetüren hat nur eine Höhe von 420 mm über der Schienenoberkante und ermöglicht so ein bequemes Ein- und Aussteigen auch bei niedrigen Bahnsteigen. Direkt hinter dem Führerstand schließt sich ein Mehrzweckbereich mit Klappsitzen an den Seitenwänden an. Eine Toilette mit geschlossenem System ist ebenfalls vorhanden.

Der T4 der NEG stammt von den Jenbacher Werken in Österreich. Er ist als 627 103 zwischen Niebüll und Dagebüll unterwegs.

TECHNISCHE DATEN

- Länge über Puffer: 25.420 mm
- Radsatzfolge: 2'B'
- Treibraddurchmesser: 840 mm
- Achsstand im Drehgestell: 2.000 mm
- Gesamter Achsstand: 18.600 mm
- Dienstmasse: 47 t
- Höchstgeschwindigkeit: 120 km/h
- Leistung: 419 kW
- Leistungsübertragung: hydrodynamisch
- Antrieb: Gelenkwellen, Radsatzgetriebe
- Indienststellung: 1995

Mit den Triebwagen der Baureihe 628 stellte die Deutsche Bundesbahn Mitte der 1980er-Jahre einen modernen zweiteiligen Triebwagen in Dienst, mit dem sie ihre alten Schienenbusse der Baureihen 796 bis 798 ablösen wollte. Der 629 071 ist als VT 71 bei der neg im Bestand und verlässt am 1. April 2016 auf seiner Fahrt von Niebüll nach Dagebüll Mole den Haltepunkt Deezbüll.

BAUREIHE 628, 629

Der neue Nebenbahnretter

Ab 1986 beschaffte die DB nach zwei Vorserien eine Großserie zweiteiliger Dieseltriebwagen für den Nahverkehr. DUEWAG, LHB und MBB traten bis 1989 als Lieferanten der 150 zweiteiligen Züge auf, die mit den Nummern 628/928 201 bis 628/928 350 in den Bestand eingereiht wurden. Wegen der vielseitigen Einsatzmöglichkeiten des 628 bestellte die DB weitere Fahrzeuge, die mit geringen Änderungen als Baureihe 628^4 in den Bestand übernommen wurden. Zwischen 1992 und 1996 verließen in mehreren Bauserien noch einmal 309 Züge die Werke von AEG, DUEWAG und LHB. Sie erhielten die Betriebsnummern 628/928 401 bis 628/928 705 sowie 628^9/629.

Die Wagenkästen in Leichtbauweise stützen sich über Luftfederbälge auf die Drehgestelle der Bauart Wegmann ab. An beiden Zugenden sind normale Schraubenkupplungen und Seitenpuffer montiert. Durch den Einbau eines Faltenbalgs wurde die Durchgangsbreite zwischen den beiden Wagen vergrößert. Von den 628^2 unterscheiden sich die 628^4 durch den vergrößerten zweitürigen Einstiegsraum am Kurzkupplungsende und durch Unterfahrbleche unter den Puffern.

Der Blick des Fahrdienstleiters vom Stellwerk über die westliche Ausfahrt des Bahnhofs München-Trudering: Der 628 424 der Südostbayernbahn SOB ist als RB 48 (27366) von Wasserburg (Inn) Bf nach München Ost unterwegs.

Um auch größere Steigungen bewältigen zu können, gibt es Züge mit zwei Motoren. Sie werden als Baureihe 628^9/629 geführt. 629 340 wartet in Ulm auf Ausfahrt.

Technisch konnte die Konzeption des 628^1 größtenteils übernommen werden. Der Antrieb erfolgt vom Zwölfzylinder-Dieselmotor über eine Gelenkwelle und ein Zweiwandlergetriebe auf die beiden Achsen des hinteren Drehgestells. Die Technik des 628^4 unterscheidet sich wenig vom 628^2. Es wurde nur ein anderes Getriebe eingebaut.

Die Innenräume sind als Großräume mit offenen Abteilen und einer 2+2-Sitzaufteilung eingerichtet. Außerdem wurde eine Toilette eingebaut und ein Traglastenabteil abgetrennt.

Die Züge 628 405 bis 408 wurden nicht an die DB, sondern an die Eisenbahnen und Verkehrsbetriebe Elbe-Weser übergeben. Die Züge 628 505 und 506 wurden zunächst von den Luxemburgischen Staatseisenbahnen (CFL) betrieben und sind inzwischen bei der neg im Einsatz. 628 679 und 680 gehören den rumänischen Eisenbahnen CFR.

Zur Kurhessenbahn gehören die in Kassel beheimateten 628 225 bis 228 und 250. Die Züge sind aber inzwischen alle abgestellt. Die in Mühldorf beheimateten Triebwagen wurden von der SüdostBayernBahn übernommen. Die Triebwagen der Westfrankenbahn sind in Aschaffenburg beheimatet, werden aber in Schöllkrippen unterhalten. Auch hier sind alle Züge abgestellt.

Für den Einsatz auf den Steilstrecken entstanden Triebwagen mit je zwei Maschinenanlagen, also mit doppelter Leistung. Sie werden als Baureihe 628^9/629 geführt. Außerdem kuppelte die Bahn zwei Motorwagen und stellte die zugehörigen Steuerwagen ab.

TECHNISCHE DATEN

Länge über Puffer:
Zug 2-teilig
45.400; 46.400[1] mm
Endwagen
22.700; 23.200[1] mm

Radsatzfolge:
2'B'+2'2'; 2'B'+B'2'[2]

Treibraddurchmesser:
760 mm

Achsstand im Drehgestell:
1.900 mm

Gesamter Achsstand:
17.000 mm

Dienstmasse:
66,9; 69,9[1]; 84[2] t

Höchstgeschwindigkeit:
120 km/h

Leistung:
410; 485[1]; 2 x 485[2] kW

Motorbauart:
12-Zylinder-Dieselmotor

Leistungsübertragung:
hydraulisch

Antrieb: Gelenkwellen,
Radsatzgetriebe

Indienststellung: 1987–1995

[1] Baureihe 628^4 ff
[2] Baureihe 628^9/629

Für den Shuttleservice nach Sylt hat DB Fernverkehr elf neu lackierte 628^4 im Einsatz.

BAUREIHE 632, 633

Der Pesa-Hai

Die Dreiteiler der Baureihe 633 sind die große Ausführung, in der Pesa seine „Link"-Züge anbietet. Von dieser Version hat DB Regio 34 Exemplare vorgesehen. 633 048 hat am 10. Juni 2022 Lindau erreicht.

Die Deutsche Bahn unterzeichnete im Jahr 2012 einen Rahmenvertrag mit dem polnischen Fahrzeughersteller Pesa über die Lieferung von bis zu 470 modernen Dieseltriebwagen in unterschiedlichen Ausführungen (Link I bis Link III). Die ein- bis dreiteiligen Züge sollten unter anderem im Sauerland, im Allgäu und auf der Dreieichbahn im Rhein-Main-Gebiet eingesetzt werden.

2012 hat die Bahn einen einteiligen und einen dreiteiligen Zug bestellt. Der einteilige Zug wurde 2014 auf der InnoTrans in Berlin gezeigt. Die Zulassung der zweiteiligen Variante sollte im Rahmen des Auftrags für die Oberpfalzbahn erfolgen. Sie hatte zwölf Fahrzeuge bestellt, die von Juli bis September 2014 geliefert werden und ab Dezember 2014 auf der Strecke von Regensburg nach Schirnding eingesetzt werden sollten.

Blick in den Mehrzweckraum des 632 528 mit Klappsitzen und einem Rollstuhlplatz. Hinter den Sitzen befindet sich die Toilette.

Die Züge der Baureihe 632 sind für das Sauerland-Netz und die Dreieichbahn in Hessen vorgesehen (632 107, 11. Juli 2018).

Bei den Messfahrten für die Zulassung zeigte sich, dass das deutsche Lichtraumprofil um wenige Millimeter überschritten wird, sodass die Zulassung verweigert wurde. Daraufhin stornierte die Regentalbahn den Auftrag und gab schon gelieferte Fahrzeuge an den Hersteller zurück. Dieser verkaufte die Triebwagen inzwischen an polnische Kunden.

Die Triebwagen können mit Dieselmotoren mit einer Leistung von 390 kW oder 565 kW geliefert werden. Die Motoren entsprechen der Abgasnorm Stufe IIIb. Die einteiligen Züge kommen mit einer Maschinenanlage aus, die Mehrteiler haben zwei Antriebe. Der Motor treibt beide Radsätze der Enddrehgestelle an. Zwischen den Wagenteilen befinden sich nicht angetriebene Jakobsdrehgestelle. Die Einrichtung zur Mehrfachtraktion und Frontkupplungen erlauben die gemeinsame Steuerung von bis zu drei Zügen.

Der Innenraum ist im Mittelteil niederflurig, an den Enden der Züge ist der Fußboden höher. Die Bodenhöhe des Niederflurbereichs kann je nach Bahnsteighöhe variabel bestellt werden. Die Fahrzeuge bekommen Mehrzweckabteile und Rampen für Rollstuhlfahrer sowie behindertengerechte Toiletten. Innen- und Außenlautsprecher informieren die Fahrgäste.

2022 waren die Züge von DB Regio in Frankfurt [Main]-Griesheim (632, 633), Dortmund (632, 633) und Kempten (633) beheimatet. Die Züge in Nordrhein-Westfalen sind im Sauerland-Netz auf den Strecken RE 17, RB 43, RB 52, RB 53, RB 54 und RE 57 unterwegs. In Hessen wird die Dreieichbahn von Dreieich nach Rödermark-Ober Roden mit diesen Zügen bedient und in Bayern das Dieselnetz Allgäu mit den Strecken von München nach Pfronten und Lindau.

Bei den privaten Verkehrsunternehmen befanden sich 633 001 bis 012 (Regentalbahn AG – Oberpfalzbahn) und 633 020 bis 030 (Niederbarnimer Eisenbahn AG).

TECHNISCHE DATEN

Länge über Kupplung:
Baureihe 632: 43.730 mm
Baureihe 633: 57.130 mm

Radsatzfolge:
Baureihe 632: B'2'B'
Baureihe 633: B'2'2'B'

Achsstand im Drehgestell:
2.100 mm

Dienstmasse:
Baureihe 632: 86,5
Baureihe 633: 120,4

Radsatzfahrmasse:
Baureihe 632: 18,2
Baureihe 633: 18,9 t

Antrieb: hydraulisch

Nennleistung:
Baureihe 632: 2 x 390 = 780 kW
Baur. 633: 2 x 565 = 1.130 kW

Höchstgeschwindigkeit:
120 km/h, 140 km/h

Die Niederbarnimer Eisenbahn setzt ihre zweiteiligen Wagen bevorzugt auf der RB-Linie 26 zwischen Berlin und Kostrzyn ein. Am 4. Mai 2018 steht 632 526 in Berlin-Lichtenberg.

BAUREIHE 640

Der kleinste LINT

Die einteiligen Dieseltriebwagen LINT 27 (Baureihe 640) sind die kleinste Ausführung der von Alstom angebotenen LINT-Familie. Hier zeigt sich 640 004 in Siegen.

TECHNISCHE DATEN
Länge über Kupplung: 27.260 mm
Radsatzfolge: B'2'
Treibraddurchmesser: 770 mm
Achsstand im Drehgestell: 1.900 mm
Gesamter Achsstand: 20.350 mm
Dienstmasse: 40,9 t
Radsatzfahrmasse: 14,7 t
Höchstgeschwindigkeit: 120 km/h
Leistung: 315 kW
Motorbauart: 6-Zylinder-Dieselmotor
Leistungsübertragung: hydrodynamisch
Antrieb: Gelenkwelle, Radsatzgetriebe
Indienststellung: 2000–2001

Die einteiligen Triebwagen der Baureihe 640 (LINT 27) gehören zu den neueren Regional- und Nahverkehrstriebwagen. Sie entstanden bei Alstom-LHB im niedersächsischen Salzgitter. Das Fahrzeug für Nebenstrecken wurde aus dem Leichttriebwagenkonzept LINT (Leichter Innovativer Nahverkehrstriebwagen) – einem Baukastensystem für ein- und zweiteilige Leichttriebwagen, Letztere als Gelenk- oder Doppeltriebwagen – abgeleitet. In den Jahren 2000 und 2001 gingen bei der Deutschen Bahn 30 Triebwagen als Baureihe 640 in Betrieb. 2004 kamen zehn einteilige LINT 27 zur Vectus-Verkehrsgesellschaft. Veolia Verkehr Sachsen-Anhalt nahm sieben Exemplare in ihren Bestand auf.

Die verwindungssteifen Kästen wurden aus nicht rostendem Stahl in Leichtbauweise gefertigt. Sie entsprechen der UIC-Forderung nach einer statischen Belastbarkeit von 1.500 kN Prüfkraft in Längsrichtung. Die Dächer in Gerippebauweise bestehen aus abgekanteten Profilen. Die Seitenwand- und Dachbleche sind von außen auf das Kastengerippe aufgeschweißt. Für die Köpfe wurden glasfaserverstärkte Kunststoffteile (GfK) mit dem Wagenkasten verklebt. Das Untergestell ist an beiden Enden verstärkt, um Schäden bei Unfällen zu verringern. Alle Fenster sind einteilig und können nicht geöffnet werden. Der Zugang zu den Fahrzeugen erfolgt durch je zwei zweiflügelige Schiebetüren in den mittleren, niederflurigen Bereichen der Triebwagen.

Die baugleichen Trieb- und Laufdrehgestelle bestehen aus einem geschweißten H-Rahmen mit Kastenprofilen. Schwingungs- und Schlingerdämpfer ergänzen die Luftfederung. Das dreistufige Bremssystem besteht aus einer hydrodynamischen Retarderbremse, einer elektropneumatischen Scheibenbremse mit Wellenbremsscheiben und einer Magnetschienenbremse.

Zwischen den Einstiegtüren sind die Wagen niederflurig ausgeführt. Hier gibt es auch einen Mehrzweckbereich.

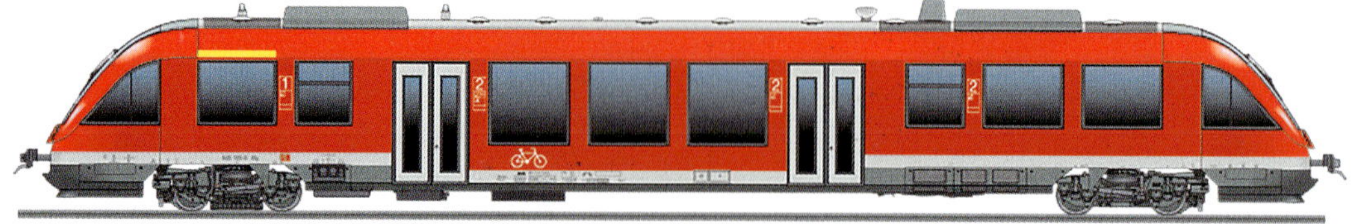

Der 640 121 der Hanseatischen Eisenbahn GmbH (HANS) verlässt am 9. April 2019 als RB 62278 den Bahnhof Tangermünde auf seiner Fahrt nach Stendal.

An den Wagenenden sind automatische Kupplungen der Bauart Scharfenberg vorhanden. Eine Vielfachsteuerung ermöglicht die Bildung von längeren Zugverbänden auch mit den Baureihen 641, 642, 643 und 644.

Der Dieselmotor entspricht der EURO-2-Norm. Er ist unterflur aufgehängt. Das Drehmoment wird über Gelenkwellen an die Achsgetriebe in eines der Drehgestelle weitergeleitet, das andere ist ohne Antrieb.

Im Inneren sind die Triebwagen als Großräume mit Sitzen in verschiedenen Anordnungen eingerichtet. In der Mitte sind ein Mehrzweckraum mit Klappsitzen und die Vakuum-Toilette platziert. Das 1.-Klasse-Abteil befindet sich im Hochflurbereich an einem Wagenende. Acht Sitze in Vis-à-vis-Anordnung sind mit kleinen Tischen zu offenen Abteilen zusammengefasst.

Die 640 001 bis 030 wurden 2022 von DB Regio in Braunschweig, Trier, Mühldorf (SOB) und Dortmund betreut. Auch private EVU haben die Einteiler im Bestand, so die HLB mit 640 101 bis 110, die die Fahrzeuge von Vectus übernahm. 640 121 bis 127 gehören der Beacon Rail Leasing Ltd. mit Sitz in London. Sie werden immer wieder an unterschiedliche Bahnunternehmen vermietet. So stehen beispielsweise 640 121, 122 und 125 seit 2018 bei der Hanseatische Eisenbahn GmbH im Einsatz.

Die Hessische Landesbahn (HLB) hat die Fahrzeuge von Vectus übernommen und sie in ihren Hausfarben lackiert. Am 3. August 2015 wartet der VT 205 (640 105) in Niederschelden auf Fahrgäste.

Der 641 028 von DB Regio fährt am 14. Juni 2021 als RE 39 (59286) von Hof Hbf nach Lichtenfels, hier beim Verlassen des Bahnhofes Schwarzenbach (Saale).

BAUREIHE 641

Der Wal aus Frankreich

Als zweites Leichtbaufahrzeug neben der Baureihe 640 entwickelte LHB einen weiteren einteiligen Triebwagen. Die Baureihe 641 entstand in Kooperation mit dem französischen Waggonbauer DeDietrich, der wie LHB zum Alstom-Konzern gehört und die Leitung des Projekts übernommen hatte.

Der Kasten besteht aus einem Mittelteil und den beiden Kopfteilen. Das geschweißte Mittelteil wurde aus Aluminium-Strangpressprofilen hergestellt. Die Kopfteile bestehen aus Stahlprofilen und GfK-Formteilen, die so konzipiert sind, dass sie bei einem Aufprall als Stoßverzehrelemente wirken. Über dem Niederflurbereich ist das Dach abgesenkt, sodass dort die Motorkühlanlage, die Batterieanlage und das Klimagerät untergebracht werden konnten. Als Besonderheit verfügen die Wagen über einen Seitenaufprallschutz. Die Seitenfenster aus Verbund-Sicherheitsglas sind von außen auf den Kasten aufgeschraubt und bilden ein durchgehendes Fensterband. Auf jeder Längsseite befinden sich zwei einflügelige, elektrisch betriebene Schwenkschiebetüren. Die Einstiegshöhe beträgt 552 mm über SO. Die Türen können über Drucktasten bedient werden. Die automatischen Scharfenbergkupplungen sind beheizbar. Sie kuppeln

Seit Sommer 2016 ist DB Regio mit dem „Geithainer" zwischen Leipzig und Geithain unterwegs. Dafür wurden vier Triebwagen der Baureihe 641 überarbeitet und grau/silberfarben lackiert.

Die französischen SNCF haben ebenfalls Fahrzeuge dieses Typs in ihrem Bestand und fahren damit auch nach Deutschland. So hat der Triebwagen 73916 am 18. März 2015 Saarbrücken Hbf erreicht.

auch die Bremsleitungen und die elektrischen Verbindungen. Die beiden H-förmigen Drehgestelle sind aus Stahl in Kastenbauweise hergestellt. Sie haben Gummischichtfedern, Luftfedern und Schlingerdämpfer.

Mit seiner starken Motorisierung ist der 641 eher für steigungsreiche Strecken gedacht. Die beiden unterflur aufgehängten Antriebsanlagen bestehen jeweils aus einem schnell laufenden, wassergekühlten Sechszylinder-Dieselmotor Typ MAN D 2866 LUH 21. Er erfüllt die Euro-Abgasnorm 2. Das Drehmoment wird über ein hydrodynamisches Voith-Getriebe mit eingebautem Retarder übertragen.

Im Niederflurbereich befinden sich ein Mehrzweckraum mit Klappsitzen und ein behindertengerechtes, geschlossenes WC-System. Die vier offenen Abteile im Hochflurbereich sind mit Vis-à-vis-Bestuhlung ausgestattet. Eines davon ist für 1.-Klasse-Reisende reserviert und durch eine Glaswand mit Tür von der 2. Klasse abgegrenzt. Die beiden Führerräume sind ebenfalls durch Glaswände mit Drehtüren von den Fahrgasträumen getrennt. Matrixanzeigen informieren die Reisenden über die Fahrziele. Ein Haltewunsch kann dem Triebfahrzeugführer über Taster an den Haltestangen bekannt gegeben werden.

DB Regio übernahm 40 dieser Fahrzeuge in ihren Bestand. Die Triebwagen sind in Haltingen, Erfurt, Hof und Halle beheimatet. 641 019 und 020 fahren für die Oberweißbacher Berg- und Schwarzatalbahn (OBS). 641 024 und 030 schieden nach Unfällen bereits 2006 aus dem Bestand aus. 641 033 und 036 sind von ihrer nächsten Hauptuntersuchung zurückgestellt.

Die Fahrzeuge in Baden-Württemberg werden zwischen Basel und Lauchringen eingesetzt. In Thüringen verkehren sie zwischen Rottenbach und Katzhütte, Sömmerda und Großheringen, Friedrichroda und Fröttstädt, Saalfeld und Blankenstein sowie zwischen Gotha und Gräfenroda.

Seit dem Sommerfahrplan 2016 bedient DB Regio Südost mit den vier modernisierten, grau/silberfarben lackierten 641 027, 032, 034 und 035 die Strecke zwischen Leipzig Hbf und Geithain über Bad Lausick.

TECHNISCHE DATEN

- Länge über Kupplung: 28.900 mm
- Radsatzfolge: (1A)'(A1)'
- Treibraddurchmesser: 770 mm
- Achsstand im Drehgestell: 2.100 mm
- Gesamter Achsstand: 19.600 mm
- Dienstmasse: 48,7 t
- Radsatzfahrmasse: 16,7 t
- Höchstgeschwindigkeit: 120 km/h
- Leistung: 2 x 257 kW
- Motorbauart: 6-Zyl.-Reihen-Dieselmotor
- Leistungsübertragung: hydrodynamisch
- Antrieb: Gelenkwelle, Radsatzgetriebe
- Indienststellung: 2001–2002

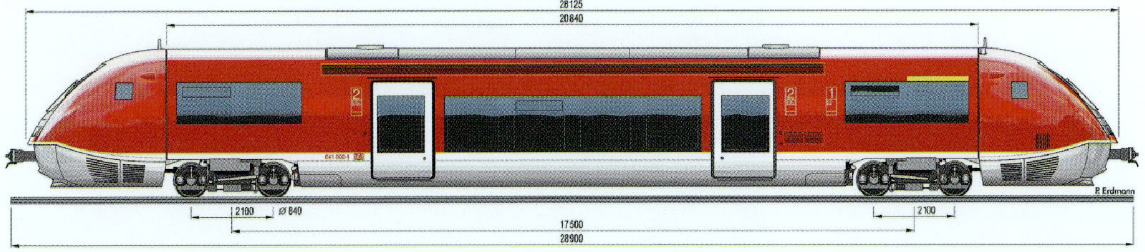

BAUREIHE 642

Der Desiro von Siemens

Mit 230 Exemplaren ist der Desiro Classic von Siemens als Baureihe 642 bei DB Regio sehr stark vertreten. Die Züge sind in nahezu ganz Deutschland unterwegs. Die Aufnahme zeigt den 642 660 in der Nähe von Dahn in der Pfalz.

TECHNISCHE DATEN

- Länge über Kupplung
  Zug (2-teilig) 41.700 mm
  Endwagen 20.600 mm
- Radsatzfolge: B'2'B'
- Treibraddurchmesser: 770 mm
- Achsstand im Drehgestell:
  Enddrehgestell 1.900 mm
  Jakobsdrehgest. 2.650 mm
- Gesamter Achsstand: 33.900 mm
- Dienstmasse: 63,8 t
- Höchstgeschwindigkeit: 120 km/h
- Leistung: 2 x 275 kW
- Motorbauart: 6-Zylinder-Reihenmotor
- Leistungsübertragung: hydrodynamisch
- Antrieb: Gelenkwelle, Radsatzgetriebe
- Indienststellung: 1999–2003

Hinter der futuristischen Hülle des 642 steckt ein alter Bekannter: Er ist abgeleitet vom RegioSprinter, der 1995 von Siemens entwickelt wurde. Im Juni 1996 bestellte die DB AG 150 Fahrzeuge der Baureihe 6420/6425, später wurde die Bestellung auf 230 Züge erweitert. Im Herbst 1998 war der erste „Roll-Out". Die zweiteiligen Triebwagen entstammen der modularen Fahrzeug-Familie Desiro. Sie wurden von der Siemens Verkehrstechnik hergestellt.

Die selbsttragende Röhre des Kastens ist als Aluminium-Konstruktion ausgeführt. Die glasfaserverstärkten Kunststoff-Schalen der Fahrzeugköpfe sind in Sandwichbauweise gefertigt und mit dem Wagenkasten verklebt. Unterhalb der großen, einteiligen Panorama-Stirnfenster ist eine Matrix-Zugzielanzeige angeordnet. Automatische Mittelpufferkupplungen der Bauart Scharfenberg ermöglichen Mehrfachtraktionen auch mit den Triebwagen der Baureihen 640 bis 648. Die beiden Fahrzeughälften sind über ein Jakobsdrehgestell miteinander verbunden. Ein Stirnübergang mit Wellenbalg ermöglicht eine gleichmäßige Verteilung der Fahrgäste. Für den Ein- und Ausstieg stehen auf jeder Wagenseite zwei zweiflügelige Schwenkschiebetüren mit Türschließautomatik zur Verfü-

Für das „Bahnland Bayern" wirbt der 642 698 am 13. Juli 2021 auf der Kahlgrundbahn in Schöllkrippen.

gung. Eine Magnetschienenbremse und eine Feststellbremse ergänzen die direkt und indirekt wirkende elektropneumatische Bremse.

Unter dem Hochflurbereich zwischen den Führerräumen und den Triebdrehgestellen sind zwei autarke Sechszylinder-Dieselmotoren der Motoren- und Turbinenunion (MTU) mit einer Leistung von 275 kW eingebaut. Sie haben Turbo-Aufladung, Ladeluftkühlung und wirken auf je ein hydrodynamisch-mechanisches Fünf-Gang-Automatikgetriebe vom Typ ZF-Ecomat 5HP600 mit Anfahrwandler und integriertem Retarder.

Im Niederflurbereich zwischen den beiden Einstiegsräumen befindet sich ein 2.-Klasse-Großraum. Das 1.-Klasse-Abteil am Wagenende des 6425 ist durch eine Glaswand mit Drehtür abgetrennt. Im 6420 haben eine Toilette und ein Mehrzweckraum mit Klappsitzen ihren Platz gefunden. Die vandalismusresistenten Sitze sind mit blauem Stoff bezogen. In der 1. Klasse haben sie hölzerne Armlehnen. Über den Sitzen sind in Längsrichtung Gepäckablagen montiert. Zur Information der Fahrgäste stehen eine Zugziel- und Stationsanzeige sowie eine Lautsprecheranlage zur Verfügung.

Die Triebwagen von DB Regio waren 2022 in zahlreichen Werken in nahezu ganz Deutschland beheimatet. Sie werden einzeln sowie in Doppeltraktion eingesetzt. Der 642 016/516 schied nach einem Unfall bei Walkenried im Jahre 2001 aus dem Bestand aus.

Die Züge der Westfrankenbahn (WFB) sind in Aschaffenburg und Schöllkrippen beheimatet. Alle werden in Schöllkrippen gewartet. Sie

Der 642 097 setzt sich zusammen mit einem weiteren 642 am 10. August 2020 in Ulm als RB 57473 nach Weißenhorn in Bewegung. Auffällig bei diesen Zügen ist der verglaste Zielkasten unter der Frontscheibe.

Die Vogtlandbahn hat über zwanzig Desiro Classics im Bestand, die zuletzt gebauten sogar mit einer Leistung von 2 x 315 kW. Die Triebwagen sind in Nordbayern – wie hier in Schwandorf – und Sachsen unterwegs.

oben: Die Hessische Landesbahn setzte ihre Triebwagen auch auf der Kahlgrundbahn zwischen Kahl am Main und Schöllkrippen ein. (642 406, Kahl am Main, 9. April 2015).

rechts: Blick in den niederflurigen Mehrzweckraum, der zwischen den beiden Einstiegstüren angeordnet ist. Hier sind ein Fahrkartenautomat und die behindertengerechte Toilette eingebaut.

sind als RE 87 zwischen Aschaffenburg und Miltenberg unterwegs, sowie zwischen Neustadt an der Aisch–Steinach (RB 81) und Wicklesgreuth–Windsbach (RB 91).

Die Erzgebirgsbahn (EB) beheimatet und untersucht ihre Wagen in Chemnitz. Kassel ist die Heimat der von der Kurhessenbahn genutzten 642. In Berlin und Brandenburg sind die Triebwagen als „Kulturzug“ zwischen Berlin, Cottbus und Wrocław unterwegs. Auf der RB 46 sind die Züge zwischen Cottbus und Forst (Lausitz) zu finden.

In Mecklenburg-Vorpommern werden die Linien RB 11 (Wismar–Tessin), RB 12 (Bad Doberan–Graal-Müritz) und RB 25 (Velgast–Barth) befahren.

Außer DB Regio haben zahlreiche deutsche Privatbahnen die Triebwagen der Baureihe 642 in ihrem Bestand. Mit 26 Fahrzeugen (642 301 bis 326)

Mit dem blauen VT 1.0/1.5 erprobt und präsentiert Siemens die neue ETCS-Technologie. Der Wagen entstand im Frühjahr 2003 und basiert auf den Triebwagen der Baureihe 642.

Einige Triebzüge tragen die Landesfarben von Baden-Württemberg. Im abendlichen Bahnhof Memmingen stehen am 18. Dezember 2020 642 006 und 642 101 von DB Regio gemeinsam abfahrbereit auf der Fahrt als RE 75, 57648, von Kempten nach Ulm.

ist die größte Flotte bei der Länderbahn GmbH (DLB) zu finden. Die graugrün lackierten Züge sind unter anderem mit Fahrkartenautomaten, Schiebetritten in den Einstiegsbereichen und Notbremsüberbrückungen ausgestattet. Die 15 im Jahr 2002 gebauten Züge haben abweichend eine Leistung von 2 × 315 kW und können deshalb auch steigungsreiche Strecken befahren. Die Desiros fahren auf den Linien VB 3, VB 4 und teilweise der VB 2.

Je sechs 642 laufen für die Ostdeutsche Eisenbahn GmbH (ODEG) und die HLB Hessenbahn GmbH. Die ODEG-Wagen sind unter anderem auf der Linie OE 65 zwischen Cottbus und Zittau unterwegs. Die HLB-Wagen sind auf der RB 22 „Main-Lahn-Linie" (Limburg [Lahn]–Frankfurt [Main]) und auf der RB 45 „Lahntalbahn/Vogelsbergbahn (Limburg [Lahn]–Fulda) zu finden.

Die Wagen 642 327 bis 347 gehören der Alpha Trains Europa GmbH mit Sitz in Köln. Sie werden über unterschiedliche lange Zeiträume an private Eisenbahnunternehmen vermietet. So waren 2022 einige von ihnen für die Länderbahn im „trilex" unterwegs.

Auch ausländische Staatsbahnen nutzen die Triebwagen. Sie sind beispielsweise als Baureihe 5022 auf den Gleisen der ÖBB unterwegs. Die Dänischen Staatsbahnen (DSB) bezeichnen ihre Züge als Baureihe MQ. Auch in Bulgarien, Griechenland, Rumänien und Slowenien sind die Wagen im Einsatz. Sogar bei der North County Transit District (NCTD) in Kalifornien sind die Züge im Fahrzeugpark.

Die ODEG-Wagen sind auf der Strecke zwischen Cottbus und Zittau unterwegs. In Zittau entstand die Aufnahme des VT 414 (642 914).

BAUREIHE 643, 644

Der Talent von Talbot

Die Talent-Triebwagen gibt es mit hydraulischem Antrieb (Baureihe 643) und elektrischem Antrieb (Baureihe 644). Die Eurobahn setzt nur hydraulische Wagen ein, hier den VT 2.02a (643 102) in Kirchlengern.

Talbot in Aachen beteiligte sich an der Entwicklung neuer Fahrzeuge für den RegionalBahn-Einsatz und stellte mit den Talent-Zügen (Talbot-Leichtbau-Niederflur-Triebzug) eine flexible, modular aufgebaute Fahrzeugfamilie auf die Gleise. Bei der hier vorgestellten Ausführung handelt es sich um zwei- und dreiteilige Triebzüge, die für den Überlandeinsatz angepasst wurden. Talbot baute einen Prototyp, der im Februar 1996 seine ersten Probefahrten unternahm. Anfang März fand das offizielle „Roll-Out“ statt.

Die Triebwagen werden einerseits als Baureihe 643 mit hydraulischer Kraftübertragung angeboten, andererseits gibt es eine Version mit elektrischer Kraftübertragung, die als Baureihe 644 bezeichnet wird. Mit ihrer stärkeren Motorisierung und der höheren Beschleunigung eignen sich die Triebwagen der Baureihe 644 besonders für S-Bahn-ähnliche Streckennetze mit kurzen Haltestellenabständen und geringen Fahrzeiten.

Die NEB bietet auf mehreren Linien in Mecklenburg-Vorpommern und in Brandenburg Leistungen im Personennahverkehr an. Dafür hat sie auch Triebwagen vom Typ Talent im Bestand (643 360, Berlin-Lichtenberg, 7. Mai 2018).

643 007 ist in Karlsruhe beheimatet und wird von dort aus in die Pfalz eingesetzt. Am 21. April 2015 fährt der Triebwagen in Karlsruhe Hbf ein.

Sowohl den Antriebs- als auch den Laufdrehgestellen liegt eine verwindungsweiche H-Rahmen-Konstruktion zugrunde. Gummi-Konusfedern mit Eigendämpfung übernehmen die Primärfederung. Die Sekundärfederung erfolgt durch Luftfedern mit Niveau-Regulierung. Gummi-Notfedern ergänzen dieses System. Ein Triebzug besteht aus zwei technisch weitgehend identischen Endwagen mit Führerständen und Antriebseinheiten. Bei den dreiteiligen Zügen sind die Endwagen über zweiachsige Jakobsdrehgestelle mit einem antriebslosen Mittelwagen verbunden. In der Mitte der zweiteiligen Wagen läuft ebenfalls ein Jakobsdrehgestell.

Der Kasten in Leichtbauweise und das geschweißte Untergestell aus korrosionsträgem Edelstahl bilden den Aufbau. Die Seitenwände bestehen aus einem Aluminiumgerippe mit einer Verkleidung aus glasfaserverstärktem Kunststoff (GfK). Die strömungsgünstig gestalteten Kopfmodule mit den Führerständen sind wie die Fahrzeugdächer komplett aus GfK gefertigt. Die Außenscheiben der doppelt verglasten und getönten Fenster sind bündig in die Seitenwände eingeklebt. Bei den 643 hat jedes Endteil auf beiden Seiten je eine Doppel-Schwenkschiebetür der Firma Bode. In den Mittelteilen sind zwei Türen pro Seite vorhanden. Die Endteile der Baureihe 644 haben ebenfalls zwei Türen pro Seite. Zwischen den Einstiegstüren sind die Fahrgasträume als Niederflurbereich ausgeführt. An den Wagenenden haben die Fahrzeuge eine „normale“ Fußbodenhöhe.

TECHNISCHE DATEN (643)

Länge über Kupplung
Zug (3-teilig, 643^0)
48.360 mm
Zug (2-teilig, 643^2)
34.610 mm
Endwagen 17.305 mm
Mittelwagen 13.750 mm

Radsatzfolge: B'2'2'B'; B'2'B'[1)]

Treibraddurchmesser:
760 mm

Laufraddurchmesser:
630 mm

Achsstand im Drehgestell:
Enddrehgestell 1.900 mm
Jakobsdrehgest. 2.700 mm

Gesamter Achsstand:
42.580; 28.830[1)] mm

Dienstmasse: 72; 57,5[1)] t

Radsatzfahrmasse: 12,8 t

Höchstgeschwindigkeit:
120 km/h

Leistung: 2 x 315 kW

Motorbauart:
6-Zylinder-Reihenmotor

Leistungsübertragung:
hydrodynamisch

Antrieb: Gelenkwelle, Radsatzgetriebe

Indienststellung:
1999–2001; 2002–2005[1)]

[1)] Baureihe 643^2

Im Gegensatz zu den anderen 643 sind die Wagen der Unterbaureihe 643^2 nur zweiteilig. 642 204 und ein weiterer 643^2 stehen abfahrbereit in Neuss.

Am 21. Mai 2017 ist der 643 311 der Nordwestbahn als NWB 74909 von Altenbeken nach Göttingen unterwegs, hier in Göttingen Gbf, kurz vor Erreichen des Zielbahnhofes.

An den Enden der Triebwagen ist eine automatische Mittelpufferkupplung der Bauart Scharfenberg montiert.

In den Triebwagen arbeiten zwei Zwölfzylinder-Dieselmotoren der Bauart 12 V 183 TD 13 mit Turboladern und Ladeluftkühlung von MTU. Bei der Baureihe 643 wird die Antriebskraft über ein hydrodynamisches Getriebe mit Anfahrwandler auf die Radsätze übertragen. Bei den Triebwagen der Baureihe 644 wird das Drehmoment über nachgeschaltete Synchrongeneratoren in elektrische Energie umgewandelt, die dann über eine Leistungselektronik den Drehstrom-Asynchron-Fahrmotoren zugeführt wird. Gebremst wird die Baureihe 643 über eine im Getriebe integrierte Retarderbremse. Ergänzt wird sie durch eine Scheiben- und eine Magnetschienenbremse. Die Baureihe 644 hat eine elektrische Widerstandsbremse, eine Scheiben- und eine Magnetschienenbremse.

Ein ELTAS-32-Mikroprozessor-Computer regelt die Antriebsanlagen. Züge aus bis zu drei Triebwagen können damit gesteuert werden. Die Datenübertragung erfolgt über das WTB-Zug-Bus-System. Entsprechend den Vorgaben der DB sind die Züge mit Sifa, Indusi I 60 R und Zugbahnfunk ZF 90 ausgestattet.

Die Einzelsitze sind vis-à-vis als offene Abteile mit Mittelgang in die Großräume eingebaut. In der 2. Klasse wurde ein 2+2-Sitzteiler gewählt, in der 1. Klasse, die im Hochflurbereich eines Kopfteils untergebracht ist, ein 2+1-Sitzteiler. Oberhalb der Fenster sind Längsgepäckablagen eingebaut. In den Mehrzweckräumen im Niederflurbereich wurden Klappsitze in Querrichtung an den Wänden montiert. Die Fahrzeuge haben eine behindertengerechte Toilette mit geschlossenem Vakuum-WC-System.

Der 644 022 ist am 17. April 2018 als RB 57457 von Ulm nach Weißenhorn unterwegs, hier bei Witzighausen. Inzwischen ist der Zug aber in Köln-Deutzerfeld beheimatet.

Der 644 552 fährt am 30. September 2022 als RB 48 nach Bedburg in Köln Hbf ein. Äußerlich unterscheidet sich die Baureihe 644 durch die Dachaufbauten von den Zügen der Baureihe 643.

Die $643^{0/5}$ von DB Regio wurden 2020 von Ludwigshafen, Karlsruhe, Trier und Münster aus eingesetzt. Anfang 2002 bestellte die DB für die Euregiobahn 26 zweiteilige Talent-Triebwagen und reihte sie als Unterbaureihe $643^{2/7}$ in ihren Fuhrpark ein. Diese Wagen waren 2022 in Aachen beheimatet. Sie haben Zulassungen für den Einsatz im deutschen, niederländischen und belgischen Netz. Dafür wurden sie mit dem niederländischen Zugsicherungssystem ATB-L und einem Fahrtenschreiber ausgestattet. Das belgische Sicherheitssystem kann bei Bedarf kurzfristig nachgerüstet werden. Zudem genügen die Wagen der Straßenbahn-Bau- und Betriebsordnung (BOStrab). Die Nachrüstung mit den Zusatzgeräten gemäß BOStrab ist kurzfristig möglich.

Die 64 dieselelektrischen Züge der Baureihe 644 waren 2020 in Dortmund, Köln-Deutzerfeld, Münster, Ulm und Haltingen beheimatet.

Auch bei privaten EVU fand der Talent großen Zuspruch, mehrere Bahnen nahmen die Züge in ihren Bestand auf. So sind zahlreiche Triebwagen bei der Nordwestbahn GmbH (NWB) registriert. Die meisten dieser Züge sind von der Angel Trains Europa GmbH angemietet und werden in Niedersachsen im Regionalverkehr eingesetzt.

Die Eurobahn nutzt ihre Züge im Ostwestfalen-Lippe-Netz auf den Linien RB 67, RB 71, RB 73 und RE 82.

TECHNISCHE DATEN (644)

Länge über Kupplung:
Zug (3-teilig) 52.160 mm
Endwagen 18.210 mm
Mittelwagen 14.200 mm

Radsatzfolge: B'2'2'B'

Treibraddurchmesser:
760 mm

Laufraddurchmesser:
630 mm

Achsstand im Drehgestell:
Enddrehgestell 1.900 mm
Jakobsdrehgest. 2.700 mm

Gesamter Achsstand:
44.480 mm

Dienstmasse: 84,3 t

Radsatzfahrmasse: 14,1 t

Höchstgeschwindigkeit:
120 km/h

Leistung:
Dieselmotor 2 x 505 kW
Elektromotor 2 x 300 kW

Motorbauart:
12-Zylinder-V-Dieselmotor
Drehstrom-Asynchronmotor

Leistungsübertragung:
elektrisch

Indienststellung: 1998–2000

Der 643 309 der NWB ist am 14. April 2016 als NWB 75435 von Paderborn Hbf nach Bielefeld Hbf unterwegs und verlässt hier nach einem Halt den Haltepunkt Paderborn Kasseler Tor.

BAUREIHE 646

Motorwagen in der Mitte

DB Regio hat insgesamt 63 Fahrzeuge der Baureihe 646/946 im Bestand, 21 davon werden von der Usedomer Bäderbahn betreut und auf der Insel Usedom eingesetzt. 946 207 ist in Kassel beheimatet und wartet in Korbach auf seine Ausfahrt.

Eine ungewöhnliche Fahrzeugvariante ist bei der Baureihe 646 zu finden. Sie besteht aus einem kurzen zweiachsigen Motorwagen in der Mitte (Baureihe 646) und zwei Steuerwagen (Baureihen 9460 und 9465). Die Konstruktion mit kompletter Trennung zwischen der Antriebseinheit und den Fahrgasträumen geht auf den Schweizer Fahrzeughersteller Stadler zurück. Ursprünglich war das Konzept für den Einsatz auf elektrifizierten Schmalspurstrecken vorgesehen. Durch den modularen Aufbau konnte es aber ohne größeren Aufwand auch für den Dieselbetrieb auf Normalspurstrecken gebaut werden.

Die zweiachsigen Steuerwagen mit Enddrehgestellen stützen sich am hinteren Ende auf dem Motorwagen ab. Durch einen Mittelgang im Motorwagen gelangen die Fahrgäste von einem Steuerwagen in den anderen. Über Seitenklappen im Mittelgang erreicht das Personal die Antriebsaggregate.

Die Seitenwände sind als Schraub- und Schweißkonstruktion aus Aluminium gefertigt. Das Dach ist in Sandwichbauweise hergestellt. Das Führerhaus besteht aus glasfaserverstärktem Kunststoff (GfK). Doppelflügelige Schiebetüren ermöglichen das Ein- und Aussteigen.

Der Dieselmotor von MTU treibt einen Drehstrom-Asynchrongenerator an, der die Traktionsmotoren speist. Eine direkte elektropneuma-

Die 2011 gebauten Wagen der ODEG unterscheiden sich durch die neue Frontgestaltung und zwei Motoren von den älteren GTW 2/6 (Berlin-Lichtenberg, 7. Mai 2018).

Die Hessische Landesbahn (HLB) hat 30 Exemplare der GTW 2/6 im Bestand, die auffallend rot/silberfarben lackiert sind. (946 428, Gießen).

tische, eine indirekte pneumatische Bremse und eine elektrodynamische Widerstandsbremse werden durch eine Magnetschienenbremse ergänzt.

Der Innenraum ist jeweils in einen 1.-Klasse-Bereich, einen 2.-Klasse-Bereich und einen Mehrzweckraum aufgegliedert. Bei den Wagen der Usedomer Bäderbahn wurde auf das 1.-Klasse-Abteil verzichtet, sodass deren Sitzplatzzahl von 93 auf 111 erhöht werden konnte. Die Sitze sind mit Stoff bezogen und haben in der 1. Klasse Armlehnen.

Die verkehrsroten Züge der DB werden von Berlin-Lichtenberg (646^0) aus eingesetzt. Die ursprünglich in Frankfurt [Main]-Griesheim und Kassel beheimateten Wagen 646 201 bis 2213 wurden bis auf 626 207 Anfang 2020 nach Tschechien an Arriva vlaky verkauft.

Die Wagen der Usedomer Bäderbahn (646^1), einer Tochter der DB, sind im Seebad Heringsdorf zu Hause und werden auf dem Streckennetz der UBB eingesetzt. Die blaue Lackierung ihrer Schürzen grenzt oben wellenförmig an die weiße Lackierung der übrigen Flächen. Die in Kassel beheimateten 646 205 bis 213 der Kurhessenbahn (KHB) werden auf der Dreieichbahn eingesetzt.

Die Hessische Landesbahn (HLB) setzt ihre 30 rot/silberfarbenen Triebwagen auf den Strecken Betzdorf–Haiger, Beienheim–Schotten, Friedberg–Mücke, Friedrichsdorf–Friedberg, Gießen–Gelnhausen und der Ländchesbahn (Wiesbaden Hbf–Niedernhausen [Taunus]) ein.

Die zweimotorigen, 2011 gebauten 646 040 bis 045 der Ostdeutschen Eisenbahn (ODEG) sind auf den Strecken Berlin-Wannsee–Jüterbog und Brandenburg–Rathenow zu finden.

TECHNISCHE DATEN

Länge über Kupplung: Zug (3-teilig) 38.660 mm, Endwagen 17.065 mm, Mittelwagen 4.500 mm	
Radsatzfolge: 2'+Bo+ 2'	
Treibraddurchmesser: 860 mm	
Achsstand im Drehgestell: 2.000 mm	
Achsstand Mittelwagen: 2.000 mm	
Gesamter Achsstand: 31.724 mm	
Dienstmasse: 57,1 t	
Radsatzfahrmasse: 19,2 t	
Höchstgeschwindigkeit: 120 km/h	
Leistung: Dieselmotor 550 kW, Elektromotor 2 x 262 kW	
Motorbauart: 12-Zylinder-V-Dieselmotor, Drehstrom-Asynchronmotor	
Leistungsübertragung: elektrisch	
Indienststellung: seit 1999	

Blick in den Innenraum eines GTW 2/6 der ODEG mit vier bequemen Sitzen in einem offenen Abteil. Zusätzlich gibt es auch Sitze in Reihenanordnung.

BAUREIHE 648, 1648, 623

Der zweiteilige LINT 41

Um auch einen größeren Triebwagen anbieten zu können, entwickelte Alstom-LHB in Eigeninitiative den zweiteiligen LINT 41 aus dem nur einteiligen LINT 27. Der 648 112 gehört zur ersten Ausführung der Triebwagen.

Außer den einteiligen Triebwagen der Baureihe 640 sind in der LINT-Familie auch zweiteilige Fahrzeuge zu finden, die im nationalen Fahrzeugregister als Baureihe 648 bezeichnet werden. Das Leichttriebwagenkonzept für Nebenstrecken stammt aus dem Hause Alstom-LHB in Salzgitter. Das Baukastensystem enthält sowohl Einzelwagen als auch mehrteilige Gelenk- und Doppeltriebwagen.

Die verwindungssteifen Wagenkästen sind in Stahlleichtbauweise hergestellt. Die Dächer in Gerippebauweise bestehen aus abgekanteten Profilen. Für die Köpfe der Wagen wurden glasfaserverstärkte Kunststoffteile (GfK) verwendet. Sie sind mit dem Wagenkasten verklebt. Eine doppelflügelige Schiebetür pro Seite in jedem Wagenteil ermöglicht das Ein- und Aussteigen. Zusätzliche Trittstufen und Rollstuhlrampen können je nach Kundenwunsch geliefert werden.

Für die Drehgestelle wurden kastenförmige Profile zu einem Rahmen verschweißt. Die beiden äußeren Drehgestelle sind angetrieben, das mittlere Laufgestell dient als Verbindung zwischen den beiden Wagenteilen. Alle Drehgestelle haben Luftfederung mit Schwingungs- und Schlingerdämpfern.

Zahlreiche private EVU haben ebenfalls Wagen der Baureihe 648 im Bestand. Dazu gehört auch die NWB, deren VT 515 (648 085) hier mit zwei weiteren 648 Oldenburg Hbf erreicht.

Die HLB ist mit ihren gelb/grau lackierten Triebwagen überwiegend auf den Nebenstrecken in Hessen unterwegs. 648 012 wurde am 9. April 2015 in Gießen fotografiert.

Das dreistufige Bremssystem besteht aus einer hydrodynamischen Retarderbremse, einer elektropneumatischen Scheibenbremse mit Wellenbremsscheiben und einer Magnetschienenbremse.

Die unterflur aufgehängten Antriebsanlagen wirken jeweils auf das benachbarte Drehgestell. Die beiden Sechszylinder-Dieselmotoren mit Ladeluftkühlung und Abgasturboladern von MTU entsprechen der EURO-2-Abgasnorm. Sie leisten 2 x 315 kW und übertragen ihr Drehmoment auf ein hydrodynamisches Strömungsgetriebe von Voith.

Automatische Scharfenbergkupplungen und eine Mehrfachsteuerung ermöglichen den Betrieb mehrerer Wagen von einem Führerstand aus.

Die Großräume im Inneren der Wagen sind mit Sitzen in verschiedenen Anordnungen ausgestattet. Im Niederflurteil der Wagen sind Mehrzweckräume und die Toilette zu finden. Das 1.-Klasse-Abteil befindet sich an einem Wagenende.

Mehrere Eisenbahnverkehrsunternehmen haben Triebwagen vom Typ LINT 41 im Bestand. So setzt DB Regio von Dortmund aus die Wagen 648 001 bis 006 und 648 101 bis 107 ein. 648 107 bis 121 waren 2017 in Berlin-Lichtenberg zu Hause. Die Trierer Wagen 648 201 bis 207 werden auf den Strecken der Lahn-Eifel-Bahn eingesetzt. Für den Einsatz der Wagen 648 251 bis 277 ist das Werk Braunschweig verantwortlich. Sie sind auf dem Harz-Weser-Netz unterwegs. Nürnberg setzt 648 301 bis 327 auf nicht elektrifizierten Strecken der Mittelfrankenbahn unter anderem

TECHNISCHE DATEN

Länge über Kupplung:
Zug (2-teilig) 41.810 mm
Endwagen 20.705 mm

Radsatzfolge: B'2'B'

Treibraddurchmesser:
770 mm

Laufraddurchmesser:
770 mm

Achsstand im Drehgestell:
Enddrehgestell 1.900 mm
Jakobsdrehgest. 2.700 mm

Gesamter Achsstand:
34.900 mm

Dienstmasse: 63,5/65 [1)] t

Radsatzfahrmasse: 18 t

Höchstgeschwindigkeit:
120 km/h

Leistung: 2 x 315 kW

Motorbauart:
6-Zylinder-Reihenmotor

Leistungsübertragung:
hydrodynamisch

Antrieb: Gelenkwelle,
Radsatzgetriebe

Indienststellung:
2000–2001; 2004–2005 [1)]

[1)] Baureihe 648[2]

Die neueren Triebwagen der Baureihe 1648 unterscheiden sich besonders durch die crashoptimierte und optisch geänderte Stirnseite von den alten 648 (1648 001, Wuppertal-Unterbarmen, 4. Oktober 2015).

Blick in den Fahrgastraum des 1648 207 der Oberpfalzbahn mit Abteilen und einem Mehrzweckbereich. Aufgenommen am 19. Mai 2022 in Marktredwitz.

zwischen Simmelsdorf und Hüttenbach ein. Die neuesten Exemplare 648 331 bis 355 und 648 450 bis 465 sind in Kiel beheimatet und sind von dort aus auf Strecken in Schleswig-Holstein unterwegs.

Die neuesten Wagen von DB Regio sind für das Dieselnetz Südwest vorgesehen. 14 als 623 001 bis 014 bezeichneten Wagen sind in Ludwigshafen beheimatetet, werden aber von Kaiserslautern aus koordiniert und fallen durch den weißen Anstrich mit roten Köpfen auf. Rostock bekam die Wagen 623 015 bis 031. Diese Fahrzeuge sind wieder verkehrsrot. 623 032 bis 039 verrichten ihren Dienst rund um Kempten.

Die Hessische Landesbahn (HLB) ist mit ihren Wagen im Großraum Frankfurt [Main], Limburg, Wiesbaden und Siegen unterwegs. Die Fahrzeuge haben silberfarbene Kästen mit gelben Kopfpartien.

In Niedersachsen werden die Triebwagen der Baureihe 648/1648 unter anderem von der Nordwestbahn (NWB) eingesetzt. Wendebahnhöfe sind dabei Osnabrück, Hildesheim, Wilhelmshaven und Bremen. Die blau/weiß lackierten Wagen sind als 648 070 bis 093, 181 bis 191, 361 bis 379 und 420 bis 447 registriert, sie gehören der Landesnahverkehrsgesellschaft Niedersachsen. 648 070 bis 093 wurden vom Frühjahr 2014 bis Januar 2016 in Braunschweig bei Alstom modernisiert, seit 2017 werden auch die Triebwagen 648 181 bis 191 ebenfalls aufgearbeitet.

Die Eisenbahnen und Verkehrsbetriebe Elbe-Weser (EVB) bedient mit den Triebwagen 648 171 bis 179, 194 bis 199 und 1648 301 bis 306 die Verbindung RE 33 zwischen Cuxhaven und Buxtehude. Die 1648 gehören der Landesnahverkehrsgesellschaft Niedersachsen (LNVG) und

Abweichend vom üblichen verkehrsroten Anstrich bei DB Regio haben die Wagen für das Dieselnetz Südwest einen grauen Wagenkasten mit roten Kopfpartien. Diese Fahrzeuge sind als 623 001 bis 014 in den Bestand eingereiht.

Der 648 210 der Bayerischen Regiobahn BRB mit Figuren der Augsburger Puppenkiste fährt am 19. März 2020 von Augsburg-Oberhausen kommend als BRB 86523 nach Schongau in den Augsburger Hauptbahnhof ein.

werden von der EVB nur genutzt. Die 648 werden seit 2017 ebenfalls einer Aufarbeitung unterzogen.

Die Bayerische Regiobahn setzt seit Dezember 2008 LINT 41 im Dieselnetz Augsburg II ein. Diese Triebwagen sind mit einer Leistung von 2 x 390 kW stärker motorisiert und tragen die Nummern 628 210 bis 237.

Beim Harz-Elbe-Express (HEX) fahren seit 2005 die LINT 41 648 278 bis 289 nach Halle, Halberstadt, Goslar, Berlin, Magdeburg und Thale.

Bei Abellio sind die Wagen 648 328 bis 330 und die mit einer Einstiegshöhe von 76 cm über SO und der crashoptimierten Stirnfront ausgestatteten 1640 001 bis 009 im Bestand.

2011 bestellte die Landesnahverkehrsgesellschaft Niedersachsen die Wagen 648 470 bis 497 mit Rußpartikelfilter und Videoüberwachung. Eingesetzt werden die Wagen von der Heidekreuzbahn GmbH (Erixx).

Als Ersatz für die nicht zugelassenen Pesa-Link-Fahrzeuge bestellte die Oberpfalzbahn im Februar 2015 zwölf gelb lackierte LINT 41. Die Fahrzeuge wurden zwischen März und Juni 2016 geliefert und als 1648 201 bis 212 im nationalen Fahrzeugregister geführt.

Die Nordbahn Eisenbahngesellschaft bedient die Bahnstrecken Neumünster–Heide, Heide–Büsum und Neumünster–Bad Oldesloe mit sieben LINT 41, wovon sechs im Jahr 2001 gebaut und 2011 rundum modernisiert wurden, der siebte (VT 2.77) wurde im Jahr 2011 gebaut. Die Wagen 648 144 bis 150 sind bei der AKN Eisenbahn AG registriert.

Für den Einsatz rund um Schwandorf nutzt die Oberpfalzbahn die gelb/blau lackierten 1628 201 bis 212 der Die Länderbahn GmbH (DLB).

Die Oberpfalzbahn nutzt für den Regionalverkehr rund um Schwandorf die gelb/blau lackierten 1648 201 bis 212 der Die Länderbahn GmbH (DLB). Am 12. August 2018 steht der 1648 707 abfahrbereit in Schwandorf.

BAUREIHE 650

Der Regio-Shuttle

Die Wagen der ODEG sind im Großraum Berlin unterwegs und erreichen dabei auch Schwerin. Hier fährt der VT 650.91 (650 091) am 13. Mai 2015 in Richtung Rehna aus.

TECHNISCHE DATEN

Länge über Puffer: 25.500 mm

Radsatzfolge: B'B'

Treibraddurchmesser: 770 mm

Achsstand im Drehgestell: 1.800 mm

Gesamter Achsstand: 18.900 mm

Dienstmasse: 37,7 t

Radsatzfahrmasse: 14 t

Höchstgeschwindigkeit: 120 km/h

Leistung: 2 x 257 kW

Motorbauart: 6-Zylinder-Dieselmotor

Leistungsübertragung: hydromechanisch

Antrieb: Gelenkwelle, Radsatzgetriebe

Indienststellung: 1999–2013

Mit dem einteiligen Regio-Shuttle RS 1 gelang Adtranz eine Konstruktion, die bei zahlreichen privaten EVU und bei der DB großen Anklang gefunden hat. Nachdem Adtranz die ersten Triebwagen in unterschiedlichen Versionen an Privatbahnen und an die DB geliefert hatte, übernahm die Stadler Rail AG 2001 die Produktion der Baureihe 650. Ursprünglich bot der Hersteller auch Steuerwagen an, die aber bisher noch nicht bestellt wurden.

Eine geschweißte Fachwerkkonstruktion mit diagonalen Streben bildet den Wagenkasten. Er ist von außen mit Sandwichplatten aus glasfaserverstärktem Kunststoff (GfK) verkleidet. Die Führerräume sind komplett aus GfK hergestellt. Zwischen den beiden zweiflügeligen Doppelschiebetüren befindet sich ein Niederflurbereich. Die Fenster sind zwischen die Kastenstreben eingepasst und können teilweise geöffnet werden.

Die Laufwerke bestehen aus zwei angetriebenen Drehgestellen mit geschweißtem Rahmen.

An den Wagenenden sind die beiden MAN-Dieselmotoren angeordnet. Sie treiben über ein automatisches Getriebe die benachbarten Dreh-

Acht Triebwagen werden vom Zweckverband Schönbuchbahn zwischen Böblingen und Dettenhausen eingesetzt. Sie sollen aber ab Herbst 2018 nach der Elektrifizierung der Strecke von E-Triebwagen abgelöst werden (VT 414, 650 680, Böblingen, 29. Mai 2017).

Die Vogtlandbahn fährt auch Ziele in Tschechien an. So kommt der 650 156 am 19. Mai 2022 nach Cheb (Eger).

gestelle an. Die Kraft wird hydrodynamisch übertragen. Mit normalen Zug- und Stoßvorrichtungen können die Wagen freizügig in Mehrfachtraktionen auch mit anderen Baureihen oder mit normalen Reisezug- und Güterwagen eingesetzt werden. Eine im Getriebe integrierte Retarderbremse sowie eine Scheiben- und eine Magnetschienenbremse dienen zur Verzögerung der Fahrzeuge. Sämtliche Aggregate der Antriebsanlage sind unterflur angebracht.

Der Innenraum ist als Großraum 2. Klasse ausgeführt. Die Sitze sind vis-à-vis oder in Reihe angeordnet und mit Stoff bezogen. Der Mehrzweckraum ist mit Klappsitzen an den Seitenwänden ausgestattet. Er befindet sich im Niederflurbereich in der Mitte der Wagen. Glaswände mit Drehtüren trennen die Führerräume von den Fahrgasträumen. Im Gegensatz zu vielen Privatbahnwagen wurde in die meisten Fahrzeuge der DB eine Toilette eingebaut. Über den großen Frontfenstern sowie im Inneren der Wagen informieren Matrixanzeigen über das Zugziel und die nächste Station. Eine Lautsprecheranlage ergänzt die Ausstattung. Die Klimaanlage soll für angenehme Temperaturen im Wageninneren sorgen.

Von den Triebwagen der DB Regio sind die meisten in Tübingen und Ulm stationiert. Sie gehören zur DB ZugBus Regionalverkehr Alb-Bodensee (RAB). Die Tübinger Wagen haben die Nummern 650 001 bis 027. Sie werden überwiegend auf der Ammertalbahn zwischen Tübingen und Herrenberg eingesetzt, sind aber auch auf der Strecke nach Bad Urach anzutreffen. Die Ulmer 650 100 bis 122 sind unter anderem auf der Teckbahn Wendlingen–Kirchheim–Oberlenningen unterwegs.

Tübingen und Ulm sind die größten Standorte der Baureihe 650 bei DB Regio. Der 650 029 wartet am 26. August 2020 in Tübingen Hbf auf Ausfahrt.

Die Ortenau-S-Bahn wird von der SWEG betrieben, die dafür Triebwagen der Baureihe 650 nutzt. An der Spitze eines Dreiwagenzugs steht 650 591 am 4. September 2020 in Offenburg.

rechts: Der 650 300 der PRESS fährt als PRE 75680 Bergen auf Rügen von Bergen kommend in den Bahnhof Putbus ein.

rechts: Der 650 567 der Hanseatischen Eisenbahn GmbH (HANS) ist als RB 62278 am 7. April 2019 von Tangermünde nach Stendal unterwegs, hier kurz vor dem Haltepunkt Miltern.

Blick in den Innenraum des 650 008 von DB Regio. In den Wagen der ersten Bauserie ist noch kein Mehrzweckbereich vorhanden.

Die SWEG hat einen Großteil der Baureihe 650 von der HzL übernommen. Einige von ihnen sind schon im BW-Design lackiert. Hinter dem 650 626 läuft am 26. August 2020 noch ein Wagen in HzL-Lackierung. Links steht noch der 650 302 von DB Regio.

Cottbus betreut die 650 107 und 114. 650 301 und 302 sind in Berlin-Lichtenberg gelistet und die 650 319 bis 327 sind von Kempten aus in Bayern unterwegs.

Die drei in Ulm beheimateten 650 201 bis 203 unterscheiden sich durch einen größeren Fahrradraum von den Vorgängern, allerdings musste dafür auf die Toilette verzichtet werden.

Letzte Bauserie sind die 27 Fahrzeuge der Unterbauart 650^3. Sie haben breitere Einstiege und größere Mehrzweckabteile, sodass Fahrräder einfacher befördert werden können. Zusätzlich haben sie eine bessere Klimaanlage und ein erweitertes Fahrgastinformationssystem.

Zurzeit sind Regio-Shuttle bei über zwanzig privaten Eisenbahnverkehrsunternehmen in Deutschland in zahlreichen unterschiedlichen Ausführungen und Lackierungen unterwegs. So hat die Länderbahn die Wagen 650 064 bis 977, 150 bis 157, 562 bis 569 und 650 bis 674 im Bestand und setzt die Fahrzeuge in Nord-Ost-Bayern ein.

Die Erfurter Bahn hat für die Strecken in Thüringen die 650 240 bis 276 und 401 bis 423 im Bestand. Ebenfalls in Thüringen sind die 650 058 bis 063 und 501 bis 532 der Süd Thüringen Bahn GmbH (STB) unterwegs. Die Rurtalbahn GmbH in Düren nutzt die 650 083 bis 085 und 650 740 bis 744. Die SWEG wartet ihre 650 028 bis 048, 380 bis 383, 627 bis 646 in Lahr. Die 650 571 bis 602 sind für die S-Bahn Ortenau vorgesehen. Für die WEG sind 650 361 bis 368 und 680 bis 693 und 745, 746 unterwegs. Davon läuft ein Teil der Wagen für den Zweckverband Strohgäubahn, ein anderer Teil für den Zweckverband Schönbuchbahn.

Der 650 718 von Agilis fährt im Bahnhof Bamberg zur Bereitstellung als ag 84478 von Bamberg nach Ebern am 24. Juli 2018 in Bamberg an den Bahnsteig.

BAUREIHE 654

RegioSprinter von Siemens-Duewag

RegioSprinter wurden in Deutschland nur von der Rurtalbahn und der Vogtlandbahn eingesetzt. Die Rurtalbahn verkauft aber ihre Wagen und ersetzt sie nach und nach durch „LINT 41".

Der dreiteilige, von Siemens entwickelte RegioSprinter ist für den schnellen Regionalverkehr vorgesehen. Die Dürener Kreisbahn (DKB) hatte Anfang der 1990er-Jahre Bedarf an einem leichten und kostengünstigen Regionalbahn-Triebwagen. Weil von der Industrie kein geeignetes Fahrzeug angeboten wurde, wandte sie sich an die Duewag AG, bei der sie 1993 17 speziell für die DKB entwickelte RegioSprinter bestellte. 1995 wurden die Wagen geliefert.

Zwischen den beiden Endmodulen mit je einem angetriebenen Radsatz läuft ein kurzes Mittelteil auf zwei antriebslosen Radsätzen. Der geschweißte Wagenkasten besteht aus dem Untergestell, den Seitenwänden und den Dachmodulen. Pro Wagenseite ermöglichen zwei doppelflügelige, elektrisch angetriebene Schwenkschiebetüren einen schnellen Fahrgastwechsel. Die Wagen der Rurtalbahn haben normale Schraubenkupplungen und Seitenpuffer. Die Fahrzeuge der Vogtlandbahn sind mit automatischen Scharfenbergkupplungen ausgerüstet.

Zwei getrennte Antriebsanlagen übertragen ihre Kraft auf je einen Radsatz. Zunächst wurden MAN-Motoren mit einer Leistung von 188 kW eingebaut. Spätere Bauserien bekamen 228 kW starke MAN-Motoren vom

Die Länderbahn CZ nutzt den VT 43 „Neptun" (654 043-8). Hier wartet der neu lackierte Zug am 15. Mai 2022 in Lužná u Rakovníka auf Ausfahrt.

Typ D 2865 LU3. Ein hydrodynamisch-mechanisches Fünf-Gang-Getriebe vom Typ ZF-Ecomat 5 HP 590 überträgt das Drehmoment der Fünfzylinder-Motoren mit Turbo-Aufladung auf die Radsätze.

Das Mittelteil und die hinteren Bereiche der Endmodule sind in Niederflurbauweise ausgeführt. Über den angetriebenen Radsätzen musste der Fußboden erhöht werden. Die Sitze sind in 2+2- und 2+3-Anordnung in offenen Abteilen aufgestellt. Neben den Einstiegen wurden Mehrzweckräume mit Klappsitzen eingerichtet. Zwei Luftheizaggregate sollen für ein angenehmes Klima sorgen. Die VBG rüstete in ihren Zügen Toiletten nach. Dies ermöglicht den Einsatz nach Tschechien.

In Deutschland wurden die RegioSprinter von der Rurtalbahn GmbH (RTB) und der Vogtlandbahn GmbH (VBG) eingesetzt. Die 17 Triebwagen der RTB fuhren zwischen Düren und Heimbach, Düren und Linnich sowie Düren und Euskirchen. Inzwischen wurden die meisten Wagen an GW Train Regio a.s., Ústí nad Labem-Střekov verkauft, das einige Wagen an das tschechische Eisenbahnunternehmen AŽD Praha in Nordböhmen übergab. Dort bekamen sie Klimaanlagen, Steckdosen, WLAN, Toiletten und Fahrgastinformationssysteme.

Die 18 RegioSprinter der Vogtlandbahn bekamen 1999 Bremslichter und Blinker, sodass sie nach den Bestimmungen der BOStrab auch auf den Straßenbahngleisen in der Zwickauer Innenstadt fahren dürfen. Ende 2015 verkaufte die Vogtlandbahn fünf Wagen an die Niederösterreichische Verkehrsorganisationsgesellschaft (NÖVOG). Vorher bekamen sie geschlossene WC-Systeme und neue Klimaanlagen. Die übrigen sind für die Länderbahnen CZ s.r.o. in Tschechien unterwegs.

Bei den RegioSprintern sind die Einzelradsätze unter den Endteilen angetrieben. Das Mittelsegment läuft auf zwei Radsätzen ohne Antrieb.

TECHNISCHE DATEN

Länge über Puffer: 24.800 mm
Radsatzfolge: A'2A'
Treibraddurchmesser: 760 mm
Laufraddurchmesser: 520 mm
Gesamter Achsstand: 16.600 mm
Dienstmasse: 31,9 t
Radsatzfahrmasse: 16 t
Höchstgeschwindigkeit: 100 km/h
Leistung: 2 x 228 kW
Motorbauart: 5-Zylinder-Reihenmotor
Leistungsübertragung: hydrodynamisch
Antrieb: Gelenkwelle, Radsatzgetriebe
Indienststellung: 1995–1999

Am 2. September 2020 steht der GWTR 654 045 als Os25531 abfahrbereit nach Litomerice hor. n. im Bf Trebívlice (KBS 113, Pflaumen- bzw. Zwetschgenbahn).

BAUREIHE 672 (0504)

Von der Karsdorfer Eisenbahn

Einige Triebwagen der Baureihe 672 werden von der Hanseatischen Eisenbahn GmbH eingesetzt. Dazu gehört der VT 504 002, der am 3. August 2019 unterwegs ist.

TECHNISCHE DATEN

- Länge über Puffer: 16.540 mm
- Radsatzfolge: A'1'
- Treibraddurchmesser: 760 mm
- Gesamter Achsstand: 9.000 mm
- Dienstmasse: 25,2 t
- Radsatzfahrmasse: 16,9 t
- Höchstgeschwindigkeit: 100 km/h
- Leistung: 265 kW
- Motorbauart: 6-Zylinder-Reihenmotor
- Leistungsübertragung: hydrodynamisch
- Antrieb: Gelenkwelle, Radsatzgetriebe
- Indienststellung: 1998–1999

Anfang 2004 übernahm die DB die Triebwagen vom Typ LVT/S der insolventen Karsdorfer Eisenbahngesellschaft (KEG) und reihte sie als Baureihe 672 in ihren Bestand ein. Bei den Fahrzeugen handelt es sich um zweiachsige Leichtverbrennungstriebwagen (Schienenbusse) der Deutschen Waggonbau AG in Bautzen. 1996 hatte das Unternehmen die Triebwagen auf der InnoTrans in Berlin vorgestellt.

Für den Bau der zweiachsigen Fahrzeuge nutzte der Hersteller bewährte Großserienkomponenten des Bus- und Straßenbahnbaus. Radial einstellbare Einzelradlaufwerke sollen eine gute Kurvengängigkeit gewährleisten. Die Walzprofile und Bleche bestehen zum Großteil aus rostfreiem Edelstahl. Durch den modularen Aufbau lassen sich Raumaufteilung und Ausstattung an die Wünsche der Kunden anpassen. Die Wagen der DB haben spezielle, von der Karsdorfer Eisenbahn entwickelte Mittelpufferkupplungen.

Unter dem hochflurigen Wagenende liegt ein Sechszylinder-Dieselmotor. Er überträgt sein Drehmoment auf ein automatisches Getriebe von Voith und weiter über eine Gelenkwelle auf das Achswendegetriebe im Radsatz. Dank ihrer Mehrfachsteuerung lassen sich bis zu vier Triebwagen von einem Führertisch aus steuern.

Im Fahrgastraum sind je fünf Sitze nebeneinander in Reihe aufgestellt oder vis-à-vis zu offenen Abteilen zusammengefasst. Die Einstiegstüren sind in der Mitte des Großraums im Niederflurbereich. Hier sind Klappsitze montiert. Im Niederflurbereich ist eine Toilette.

Inzwischen sind alle Wagen aus dem Bestand der DB verschwunden. 2024 verteilten sie sich wie folgt: Dessauer Verkehrs- und Eisenbahngesellschaft mbH (DVE): 902, 913, 915. Die Wagen 905, 912, 917, 917 sind verschrottet. Die übrigen gehören der Eisenbahngesellschaft Potsdam mbH, Potsdam (EGP) und werden von der Hanseatischen Eisenbahn GmbH, Putlitz (HANS) genutzt.

BAUREIHE 187

Schmalspur-Triebwagen der HSB

Die vom Fahrzeugwerk Halberstadt gebaute Serie Schmalspurtriebwagen umfasst die Fahrzeuge 187 016 bis 019. Sie werden meist im Vorortverkehr von Nordhausen eingesetzt.

Um ihren Betrieb besonders in Tagesrandlagen sowie im Schüler- und Pendlerverkehr – bei dem kaum Touristen unterwegs sind und damit der Einsatz von Dampflokomotiven nicht nötig ist – zu rationalisieren, haben die Harzer Schmalspurbahnen auch einige Dieseltriebwagen in ihrem Bestand.

Die Hauptlast dabei tragen die vier 1999 im DB-Werk Fahrzeugbau Halberstadt gefertigten Wagen 187 016 bis 019.

Dank einer Vielfachsteuerung können mehrere Wagen zu einem Zug gekuppelt und von einem Führerstand aus bedient werden. Auch das Fahren mit dem Wagen 187 015 im Verband ist möglich. Die Triebwagen haben die bei der HSB üblichen Kupplungen und sind so motorisiert, dass auch Reisezug- und Güterwagen mitgenommen werden können.

Die vier Fahrzeuge werden vorwiegend im Vorortverkehr zwischen Nordhausen Nord und Ilfeld sowie auf der Verbindung zwischen Nordhausen und Alexisbad eingesetzt.

Der 187 012

Im April 1995 kaufte die HSB mit den beiden Triebwagen 187 011 und 013 auch den Triebwagen T 3 der Langeooger Inselbahn. Er bekam die Nummer 187 012. Die drei Wagen waren eigentlich nur zur Überbrückung gedacht, bis die Wagen 187 016 bis 019 zur Verfügung standen. Sie waren für den Vorortverkehr zwischen Nordhausen und Ilfeld vorgesehen. Bevor sie eingesetzt werden konnten, musste besonders der 187 012 an den Einsatz im Harz angepasst werden. Weil hier nicht alle Bahnsteige auf einer Seite liegen, bekam der Wagen im Ausbesserungswerk Halberstadt auf jeder Seite zwei neue Schwenkschiebetüren.

Die beiden Büssing-Motoren leisten je 155 kW und beschleunigen den Wagen auf eine Höchstgeschwindigkeit von 60 km/h.

TECHNISCHE DATEN
187 016–019

Länge über Puffer: 17.300 mm

Radsatzfolge: B'2'

Treibraddurchmesser: 725 mm

Gesamter Achsstand: 10.700 mm

Dienstmasse: 34 t

Höchstgeschwindigkeit: 50 km/h

Leistung: 242 kW

Motorbauart: 6-Zylinder-Dieselmotor

Leistungsübertragung: hydrodynamisch

Antrieb: Gelenkwelle, Radsatzgetriebe

Indienststellung: 1999

Der 187 012 kam von der Inselbahn Langeoog, dort war er bis 1995 als T 3 unterwegs. Er hat zwei Motoren mit einer Leistung von je 155 kW.

TECHNISCHE DATEN 187 012

- Länge über Puffer: 16.130 mm
- Radsatzfolge: B'B'
- Treibraddurchmesser: 850 mm
- Gesamter Achsstand: 13.560 mm
- Dienstmasse: 31,6 t
- Höchstgeschwindigkeit: 60 km/h
- Leistung: 2 x 155 = 310 kW
- Motorbauart: 6-Zylinder-Dieselmotor
- Leistungsübertragung: hydrodynamisch
- Antrieb: Gelenkwelle; Radsatzgetriebe
- Indienststellung: 1955

Weil der Triebwagen mit Rückspiegeln, Bremsleuchten und einer Glocke ausgestattet wurde, kann er auch nach der „Bau- und Betriebsordnung für Straßenbahnen“ (BOStrab) eingesetzt werden.

Nachdem im Mai 2004 die Stadtbahnlinie 10 zwischen Nordhausen Krankenhaus und Ilfeld Neanderklinik in Betrieb gegangen ist, wurde ein Teil der Triebwagen einem Reservepark zugeteilt, denn hier fahren nun die als 187 201 bis 203 bezeichneten Hybrid-Straßenbahnen.

Der 187 015

Mitte der 1990er-Jahre entwickelte das Ausbesserungswerk Wittenberge der DB AG das Konzept „SmVT 2000“ (Schmalspur-Verbrennungstriebwagen). Dank einer modularen Angebotspalette war es möglich, Triebwagen für unterschiedliche Spurweiten anzubieten und so Dampfloks auf zahlreichen Schmalspurstrecken im In- und Ausland abzulösen.

Im Frühjahr 1996 stand ein erster Prototyp zur Verfügung, den die HSB ankaufte und als 187 015 in ihren Bestand einreihte. Mit ihm sollten erste Erfahrungen gesammelt werden, die sich später im Bau von Serienfahrzeugen niederschlagen sollten. Ein Nachbau unterblieb, stattdessen lieferten die „Spezialwerke Fahrzeugbau Halberstadt“ die 187 016 bis 019.

Der Wagenkasten wurde in Stahlleichtbauweise gefertigt. Klappstufen unter den zweiteiligen Schwingtüren erleichtern das Ein- und Aussteigen. Der Cummins-Sechszylinder-Dieselmotor wirkt über ein Strömungsgetriebe auf ein Triebdrehgestell, das zweite Drehgestell ist ohne Antrieb. Der zunächst himbeerrote Wagen bekam inzwischen den rot/beigefarbenen Regelanstrich der HSB und ist unter anderem auch auf der Selketalbahn unterwegs. Auch er hat eine Zulassung nach BOStrab.

TECHNISCHE DATEN 187 015

- Länge über Puffer: 16.050 mm
- Radsatzfolge: B'2'
- Treibraddurchmesser: 725 mm
- Gesamter Achsstand: 10.700 mm
- Dienstmasse: 35 t
- Höchstgeschwindigkeit: 50 km/h
- Leistung: 235 kW
- Motorbauart: 6-Zylinder-Dieselmotor
- Leistungsübertragung: hydrodynamisch
- Antrieb: Gelenkwelle; Radsatzgetriebe
- Indienststellung: 1996

Der 187 015 ist ein Prototyp aus dem DB-AW Wittenberge. Ein Serienbau unterblieb, sodass der Wagen ein Einzelstück ist.

BAUREIHE 701, 702

Turmtriebwagen

Mit der fortschreitenden Elektrifizierung in den 1950er-Jahren entstand bei der Deutschen Bundesbahn ein Bedarf an modernen Wartungsfahrzeugen. Der Bau von Schienenbussen war zu dieser Zeit in vollem Gange. Die DB entschied deshalb, den neuen Turmtriebwagen aus ihnen abzuleiten. Der auffälligste Unterschied besteht außer den technischen Einrichtungen im höheren Wagenkasten.

1955 wurde eine erste Serie der Turmtriebwagen abgeliefert, die sich durch schwächere Motoren mit einer Leistung von nur 191 kW von ihren Nachfolgern unterschied. Ab der zweiten Lieferserie hatten die Wagen eine Leistung von 220 kW.

Der geschweißte Wagenkasten besteht aus gewalzten Stahlleichtprofilen. Das Untergestell ist ebenfalls geschweißt. Es sind normale Kupplungen und

Der 701 099 wurde 2008 von der DB ausgemustert und an die Aggerbahn Andreas Voll e. K. verkauft. Dort bekam er wieder sein altes DB-Aussehen, in dem er heute noch unterwegs ist.

Im Dezember 1998 wurde der 701 017 zum Diagnose-VT umgebaut. Auch 2022 gehörte er noch zum Einsatzbestand von DB Netz. Am 11. April 2018 ist er Richtung München Ost unterwegs.

TECHNISCHE DATEN
Länge über Puffer: 13.950 mm
Radsatzfolge: AA
Treibraddurchmesser: 900 mm
Gesamter Achsstand: 6.000 mm
Dienstmasse: 25,3 [1]; 26 [2] t
Höchstgeschwindigkeit: 90 km/h
Leistung: 2 x 95,5 [1]; 2 x 110 kW
Motorbauart: 6-Zylinder-Dieselmotor
Leistungsübertragung: mechanisch
Antrieb: Gelenkwellen
Indienststellung: 1955–1974
[1] erste Bauserie; [2] Baureihe 702

Puffer montiert, so können auch Wagen mitgenommen werden. Den Antrieb übernehmen zwei unterflur aufgehängte Motoren. Eine hydrodynamische Bremse und eine Magnetschienenbremse unterscheiden die Baureihe 702 von der Baureihe 701.

Zwischen den Endführerständen befindet sich der Werkstatt- und Aufenthaltsraum mit Werkbank, Regalen, Sitz- und Waschgelegenheit. Den größten Teil des Dachs nimmt eine hydraulisch heb- und schwenkbare Arbeitsbühne mit einer Tragfähigkeit von 300 kg ein. Sie besteht aus verschweißten Stahlblechen und -profilen. Mit dem Stromabnehmer zur Erdung und Prüfung der Fahrleitung können die Lage des Fahrdrahts und die anliegende Spannung kontrolliert werden. Eine Beobachtungskanzel und Suchscheinwerfer sind ebenfalls auf dem Dach montiert.

Die Turmtriebwagen 702 148, 163 und 701 165, 167 bis 168, wurden in Diagnoseturmtriebwagen (DVT) umgebaut. Dabei bekamen sie statt der Arbeitsbühne einen zweiten Stromabnehmer. Diese Wagen wurden zur Inspektion und Vermessung der Oberleitung eingesetzt. 2024 war keiner dieser Wagen mehr im Einsatz.

Mehrere Turmtriebwagen wurden von privaten EVU übernommen und werden weiterhin genutzt. Einige von ihnen sind in der ursprünglichen roten DB-Ausführung unterwegs, andere in den Hausfarben der Besitzer.

Die ehemaligen 701 089 und 701 076 gehören der Unternehmensgruppe der KAF falkenhahn mit Sitz in Kreuztal. Am 28. Mai 2022 sind die beiden Wagen in Fulda hinterstellt.

BAURE IHE 702²

Der neue Diagnosetriebwagen DVT

Die kleinen Außenabmessungen des Wagens ermöglichen auch einen Einsatz auf den S-Bahn-Strecken in Berlin und Hamburg.

TECHNISCHE DATEN
Radsatzfolge: B'B'
Länge über Puffer: 23.000 mm
Achsstand im Drehgestell: 2.500 mm
Dienstmasse: 78 t
Höchstgeschwindigkeit: 140 km/h
Kraftübertragung: hydraulisch
Indienststellung: 2014

Weil die Bahn in absehbarer Zeit ihren Bestand an Messfahrzeugen erneuern und vereinheitlichen will, hat sie mit Plasser & Theurer einen Rahmenvertrag über den Kauf unterschiedlicher multifunktionaler Mess-Triebwagen geschlossen. Als erster Vertreter der neuen Generation war der Gleismesstriebzug 702² auf der InnoTrans 2014 in Berlin zu sehen.

Der einteilige Triebwagen ist für Messungen im Bereich der Oberleitung und zur Prüfung der Gleisgeometrie vorgesehen. Dafür hat er unter anderem einen Messstromabnehmer neben der Arbeitsbühne auf dem Dach. Mit einer Höchstgeschwindigkeit von 140 km/h kann er seine Aufgaben im laufenden Planbetrieb erfüllen. Außerdem ist er dem kleineren Lichtraumprofil der Berliner und der Hamburger S-Bahn angepasst und kann so auch auf deren Strecken Messungen durchführen.

Alle drei gelb lackierten Wagen sind bei der Fahrwegmessung in Minden beheimatet.

Dank einer Höchstgeschwindigkeit von 140 km/h kann der 702 201 seine Untersuchungen im laufenden Betrieb durchführen.

BAUREIHE 703^1

Oberleitung im Blick

Zehn Wagen der Baureihe 703 werden von DB Netz in ganz Deutschland eingesetzt. Sie stammen von der Gleisbaumechanik Brandenburg (703 013 Tamm, 13. Juni 2020).

TECHNISCHE DATEN

Länge über Puffer: 14.950 mm

Radsatzfolge: B

Treibraddurchmesser: 840 mm

Gesamter Achsstand: 8.300 mm

Dienstmasse: 39,2 t

Radsatzfahrmasse: 20 t

Höchstgeschwindigkeit: 100 km/h

Leistung:
Fahrmotor 338 kW
Hilfsmotor 89 kW

Motorbauart:
Fahrmotor 6-Zylinder-Motor
Hilfsmotor 4-Zylinder-Motor

Leistungsübertragung: hydrodynamisch

Antrieb: Gelenkwellen, Radsatzgetriebe

Indienststellung: 2000–2001

Ab der Jahrtausendwende traten die Instandhaltungsfahrzeuge für Oberleitungsanlagen (IFO) der Baureihe 703^1 die Nachfolge der Baureihe 703^0 an. Hersteller der zehn ausgelieferten Wagen war die GBM Gleisbaumechanik Brandenburg GmbH. 2022 waren noch alle im Bestand von DB Netz.

Der Aufbau der Fahrzeuge besteht aus einer Kabine und einer Ladepritsche mit Hubarbeitsbühne. Für den geschweißten Rahmen wurden gewalzte, kastenförmige Stahlprofile verwendet. Normale Kupplungen und Puffer erlauben das Mitführen von Wagen. In der Kabine sind zwei Fahrpulte, sieben Sitzplätze und eine kleine Werkbank montiert. Außerdem gibt es eine Waschgelegenheit und einen Kühlschrank. Der Sechszylinder-Dieselmotor wird bei Streckenfahrten verwendet, für die Arbeitsfahrten steht ein Vierzylinder-Motor zur Verfügung.

Zur Ausstattung gehören eine Fahrdraht- und Tragseil-Anhebevorrichtung, eine Außenbeleuchtung für Nachtarbeiten und ein Mess-Stromabnehmer zur Kontrolle der Fahrdrahtlage auf dem Wagendach.

Auf der Plattform befindet sich ein Hubsteiger mit einem Mannkorb. Er kann mit einer Handsteuerung bis auf eine Arbeitshöhe von 14 Metern gebracht werden (Esslingen, 11. November 2022).

BAUREIHE 705^0

Tunnelinstandhaltungsfahrzeug (TIF)

Der Tunneluntersuchungswagen 705 001 hat den Tunnel-Igel 712 001 abgelöst. Er ist in Duisburg beheimatet.

Als Basis für den neuen Tunneluntersuchungswagen diente das Fahrgestell des Motorturmtriebwagens MTW 100 der Österreichischen Bundesbahnen ÖBB.

Sein Rahmen ist eine selbsttragende, geschweißte Stahlkonstruktion aus Walzprofilen und Stahlblechen. Der Wagenkasten unterteilt sich in die beiden Führerstände, einen Mehrzweckraum für das Begleitpersonal zum Wohnen, Kochen und Schlafen, einen Büroraum zur Auswertung der Befunde, einen Aufenthaltsraum für den Untersuchungstrupp und eine Nasszelle mit Dusche und WC.

Auf dem Dach sind an den Enden Arbeits- bzw. Begutachtungsplattformen und eine Hubdrehbühne montiert. Ein Kran auf der Plattform am Führerraum 2 und Lampen zur Ausleuchtung der Tunnel erleichtern die Arbeit. Auf der Plattform am vorderen Ende ist ein schwenkbarer Hubsteiger installiert. Der Arbeitskorb kann zwei Personen aufnehmen und erreicht eine Arbeitshöhe von bis zu elf Metern.

Den Antrieb bei Überführungsfahrten besorgt ein zwölfzylindriger KHD-Dieselmotor der Bauart BF 12 L 513 C, der beide Radsätze eines Drehgestells antreibt. Für die Energieversorgung und Fahrten zwischen 0,5 und 7 km/h dient ein schadstoffarmer Vierzylinder-Dieselmotor der Bauart BF 4 L 1011 T mit hydrostatischem Antrieb, ebenfalls von KHD.

Im Oktober 1992 kam das Tunnelinstandhaltungsfahrzeug in den Bestand der DB und wurde zunächst vom BZA Minden ausgiebig untersucht. Im April 1993 wurde er dann in Karlsruhe beheimatet. Anfang 1994 wurde der vierachsige Wagen von der Deutschen Bahn AG übernommen und weiterhin eingesetzt. 2022 war er in Duisburg zu Hause.

TECHNISCHE DATEN

Länge über Puffer: 15.920 mm

Radsatzfolge: 2'B'

Treibraddurchmesser: 840 mm

Achsstand im Drehgestell: 1.800 mm

Gesamter Achsstand: 11.300 mm

Dienstmasse: 52 t

Höchstgeschwindigkeit: 120 km/h

Leistung: 367 kW + 44 kW (Hilfsmotor)

Motorbauart: 12-Zylinder-Dieselmotor 4-Zylinder-Hilfsdieselmotor

Leistungsübertragung: hydrodynamisch

Antrieb: Gelenkwellen

Indienststellung: 1992

Instandhaltungsfahrzeug für Strecken

Die beiden neuen Instandhaltungsfahrzeuge für die Streckeninfrastruktur wurden von der DB Netz AG als 705 101 und 102 eingereiht. Der 705 102 ist am 23. September 2021 bei Tamm unterwegs.

Unter der Baureihe 705[1] stellte DB Netz ab 2016 zwei neue Instandhaltungsfahrzeuge für die Streckeninfrastruktur in Dienst. Sie basieren auf der Fahrzeug-Plattform „Multifunktionale Instandhaltungsfahrzeuge für die Schieneninfrastruktur" (MISS). Die beiden Vierachser waren 2022 in Berlin zu Hause.

Die Wagen sind mit modernster Motor- und Abgastechnik ausgestattet. So haben sie je zwei Ad-Blue-Harnstofftanks zur Abgasreinigung. Hinter der großen Kabine mit Führerstand und Messräumen befindet sich eine Plattform mit einer Hubarbeitsbühne. Am anderen Ende ist eine kleine Kabine mit einem Führerstand angeordnet, außerdem gibt es zwei Kräne mit Arbeitskörben. Es können Schienen mit einer maximalen Länge von 20 m befördert werden. Die Fahrzeuge werden mit ETCS ausgestattet, sodass sie auch auf der Schnellfahrstrecke Nürnberg–Berlin eingesetzt werden können.

Die einteiligen Wagen kommen von Plasser & Theurer und werden zur Instandhaltung der rund 700 Tunnel auf dem Streckennetz der Deutschen Bahn genutzt.

TECHNISCHE DATEN

- Länge über Puffer: 23.000 mm
- Radsatzfolge: B'B'
- Gesamter Achsstand: 17.900 mm
- Dienstmasse: 78 t
- Höchstgeschwindigkeit: 130 km/h
- Leistung: 2 x 480 = 960 kW
- Leistungsübertragung: hydraulisch
- Indienststellung: 2016

Blick in den Führerstand der Baureihe 705[1]. Drei Bildschirme übertragen alle Informationen auf das Führerpult.

Von den OMF beschaffte die Bahn zwei Exemplare bei der Gleisbaumechanik Brandenburg und reihte sie als Baureihe 706 ein (706 003, Wiesbaden Hbf, 27. Oktober 2017).

BAUREIHE 706

Zur Oberleitungsmontage

Auf der Hannover-Messe 1997 stellte die Gleisbaumechanik Brandenburg ihr neu entwickeltes Oberleitungs-Montagefahrzeug (OMF) vor.

Der Fahrzeugrahmen besteht aus verschweißten Quer- und Langträgern. Er wird von einem Lauf- und einem Trieb-Drehgestell des Typs GPH 200 mit Scheibenbremsen getragen. Es sind normale Schraubenkupplungen und Puffer montiert.

Für den Fahr- und Arbeitsbetrieb sind die Triebwagen mit zwei getrennten Dieselmotoren ausgestattet: Als Fahrmotor wurde der wassergekühlte MAN D 2840 LF20 mit zehn Zylindern gewählt, während für die Arbeitsfahrt mit maximal 5 km/h ein hydrostatischer Antrieb mit einem MAN D 0824 LFL06 mit vier Zylindern eingebaut wurde. Der kleine Motor dient auch der Versorgung von Hydraulikaggregaten für Hubbühne und Kran sowie des Luftpressers. Beide Motoren erfüllen die Abgasnorm Euro 2.

Die Fahrzeuge sind mit der Zugfunkanlage MESA 2002 ausgestattet. Eine Sifa, eine Indusi I 60 R, eine PZB 90 und GSM-R bilden die Sicherheitseinrichtungen.

Über einem Führerhaus ist der Messstromabnehmer angeordnet. Vor dem anderen Führerhaus wurde auf einer Plattform ein Drehkran montiert. Zwischen den Führerräumen befindet sich ein Sozialraum mit Sitzgelegenheiten, Schränken, einer Waschgelegenheit und einer kleinen Küchenzeile. Hier ist auch der Zugang zum Dach. Es folgt ein Werkstattraum mit großen Ladeöffnungen auf beiden Längsseiten. Auf dem Dach befindet sich eine Hubplattform und eine Anhebevorrichtung für die Oberleitung.

Die OMF erhielten bei der DB die Nummern 706 001 und 002. Beide Wagen stehen bei der DB Gleisbau GmbH im Dienst.

TECHNISCHE DATEN

Länge über Puffer: 18.700 mm

Radsatzfolge: 2'B'

Raddurchmesser: 840 mm

Achsstand im Drehgestell: 1.800 mm

Gesamter Achsstand: 11.300 mm

Dienstmasse: 52 t

Höchstgeschwindigkeit: 120 km/h

Leistung:
Hauptmotor 367 kW
Hilfsmotor 44 kW

Leistungsübertragung: hydrodynamisch

Antrieb: Gelenkwellen

Indienststellung: 2008

BAUREIHE 707

Kleiner Wartungstriebwagen

Von den Motorturmwagen MTW 100 hat DB Netz sieben Fahrzeuge im Bestand. Drei von ihnen tragen die Nummern 707 001 bis 003.

Für Montage und Wartung der Oberleitung hat die DB unterschiedliche Fahrzeuge im Bestand; dazu gehören auch die von Plasser & Theurer gefertigten Motorturmwagen des Typs MTW 100.

Die vierachsigen Fahrzeuge haben einen dieselhydraulischen Antrieb mit einem Rußpartikelfilter. Er erleichtert das Arbeiten in Tunneln. Mit der Vielfachsteuerung können mehrere MTW 100 von einem Führerstand aus bedient werden. Außerdem können die Fahrzeuge über Funk ferngesteuert werden. Etwa ein Drittel der Länge nimmt die klimatisierte Kabine ein. In der Mitte des Wagens befindet sich eine Hubarbeitsbühne mit Arbeitskorb. Sie kann auf eine Höhe von 8,50 m ausgefahren werden, waagerecht können Arbeitsorte mit einem Abstand von 8 m erreicht werden. Die Arbeitsbühne lässt sich drehen und ist mit einer Sprechanlage ausgestattet. Den Rest beansprucht eine Ladefläche. Zu den Sicherheitseinrichtungen gehören unter anderem GSM-R (Global System for Mobile Communications-Railway) und EBuLa (Elektronischer Buchfahrplan und Langsamfahrstellen), außerdem eine Gegengleissperre.

Die MTW 100 werden auch im Fahrleitungsumbaumaschinen-Komplex (FUM-Komplex) genutzt. Der FUM-Komplex besteht aus einem MTW mit einem Oberleitungsbauwagen (OBW) zum Auftrommeln der abzubauenden Tragseile und Fahrdrähte.

TECHNISCHE DATEN

- Länge über Puffer: 12.840 mm
- Radsatzfolge: B'2'
- Achsstand: 8.000 mm
- Dienstmasse: 35 t
- Höchstgeschwindigkeit: 100 km/h
- Kraftübertragung: hydraulisch
- Indienststellung: 2004–2006

Die vierachsigen Turmwagen haben eine große, klimatisierte Kabine und eine Plattform mit einer schwenkbaren Hubarbeitsbühne (Süßen, 28. März 2022).

BAUREIHE 708[3]

Der Oberleitungstriebwagen (ORT)

Zur Wartung ihres elektrifizierten Streckennetzes beschaffte die Deutsche Reichsbahn der DDR zwischen 1987 und 1991 die Oberleitungsrevisionstriebwagen (ORT). Auf der Leipziger Messe 1987 wurden die Wagen erstmals vorgestellt. In Halle und Dresden testete die Reichsbahn ausgiebig die beiden vom VEB Waggonbau Görlitz gelieferten Musterfahrzeuge. 1989 begann die Serienfertigung und bis 1991 wurden 37 Fahrzeuge hergestellt.

Kasten und Rahmen sind geschweißt, ihre selbsttragende Konstruktion ist von außen beblecht. Das Untergestell ist für den Einbau einer automatischen Mittelpufferkupplung eingerichtet. Die geschweißten Drehgestelle gehören zur modifizierten Bauart „Görlitz V". Trieb- und Laufdrehgestelle sind nahezu baugleich. Die selbsttätige, indirekt wirkende Druckluft-Scheibenbremse wirkt auf alle vier Radsätze. Während im Triebdrehgestell nur zwei Bremsscheiben je Radsatz zu finden sind, haben die Radsätze der antriebslosen Drehgestelle vier Bremsscheiben.

Der Sechszylinder-Dieselmotor überträgt sein Drehmoment über ein Strömungsgetriebe auf das Achsgetriebe. Er beschleunigt die Wagen auf 100 km/h. Die Anhängelast beträgt 50 t.

Der Innenraum ist unterteilt in die Führerräume, den Werkstattraum und einen Aufenthaltsraum mit Sitzgelegenheiten, Tisch, einer Küchenzeile und Schränken. Im Werkstattraum können Werkzeuge und Materialien in Regalen und Schränken verstaut werden. Den Mitarbeitern steht eine Toilette mit Waschbecken zur Verfügung. Auf dem Dach sind eine Arbeitsbühne, ein Mess-Stromabnehmer, eine Beobachtungskanzel und Scheinwerfer installiert. Eine Leiter kann auf 18 Meter Länge ausgefahren werden. Die Bühne ist um 100 Grad nach beiden Seiten drehbar und kann um zwei Meter angehoben werden.

2022 waren noch 20 Exemplare im Bestand der DB Netz AG, wovon aber 708 310 von einer Untersuchung zurückgestellt war. Die Wagen waren nahezu über das ganze Streckennetz der DB verteilt.

Von den ehemals 37 Wagen der Baureihe 708 waren 2022 noch 20 übrig. Dazu gehörte auch der 708 329 aus Regensburg.

TECHNISCHE DATEN

- Länge über Puffer: 22.400 mm
- Radsatzfolge: 2'B'
- Treibraddurchmesser: 920 mm
- Achsstand im Drehgestell: 2.500 mm
- Gesamter Achsstand: 18.300 mm
- Dienstmasse: 61 t
- Höchstgeschwindigkeit: 100 km/h
- Leistung: 330 kW
- Motorbauart: 6-Zylinder-Dieselmotor
- Leistungsübertragung: mechanisch
- Antrieb: Gelenkwellen, Radsatzgetriebe
- Indienststellung: 1987–1991

BAUREIHE 709

Noch von der Reichsbahn bestellt

Die gelben Motorturmwagen der Baureihe 709 basieren auf den österreichischen MTW 100.013/2 und wurden in nur drei Exemplaren gebaut. Hier steht einer der Wagen am 5. Dezember 2013 in Berlin.

TECHNISCHE DATEN

Länge über Puffer: 15.840 mm

Radsatzfolge: B'2'

Treibraddurchmesser: 840 mm

Achsstand im Drehgestell: 1.800 mm

Gesamter Achsstand: 11.300 mm

Dienstmasse: 59 t

Höchstgeschwindigkeit: 120 km/h

Leistung: 367 kW + 44 kW (Hilfsmotor)

Motorbauart: 12-Zylinder-Dieselmotor 4-Zylinder-Hilfsdieselmotor

Leistungsübertragung: hydrodynamisch

Antrieb: Gelenkwellen

Indienststellung: 1993–1994

Die Deutsche Reichsbahn bestellte 1992 bei Plasser & Theurer drei vierachsige Oberleitungsrevisionstriebwagen der Baureihe 709. Sie wurden aus den für Österreich gebauten MTW 100.013/2 abgeleitet und Ende 1993 bzw. Anfang 1994 ausgeliefert.

Mit der Baureihe 709 wollte die Reichsbahn den Bestand an Turmtriebwagen aufstocken, denn von ursprünglich 50 vorgesehenen Wagen der Baureihe 708 wurden nur 37 Exemplare geliefert. Durch die Gründung der DB AG 1994 wurden keine weiteren 709er mehr beschafft.

Der 709 003 wurde bereits ausgemustert, die beiden anderen Wagen sind noch im Bestand und in Seddin (709 001) und Kassel (709 002) beheimatet.

Der unterflur angeordnete Zwölfzylinder-Dieselmotor von KHD, Typ B FL 513 C, treibt über Gelenkwellen und ein hydrodynamisches Getriebe die Radsätze eines Drehgestells an. Der Wagen kann damit eine Höchstgeschwindigkeit von 120 km/h erreichen. Für niedrige Geschwindigkeiten ist ein Vierzylinder-Motor von KHD mit einer Leistung von 44 kW eingebaut. Die Arbeitsgeschwindigkeit beträgt nur 5 km/h.

Zwischen den beiden Endführerständen befinden sich der Werkstattraum, Aufenthaltsräume für sieben Personen mit einer Kochnische und ein Messplatz mit Videoüberwachung für die Fahrleitung. An einem Ende befindet sich eine Plattform, auf der ein Kran montiert ist. Das Dach ist mit einer schwenkbaren Hubarbeitsbühne, einer Seildrückanlage, zwei Fahrdrahtmessanlagen und einem Prüfstromabnehmer bestückt.

BAUREIHE 711⁰

Der erste HIOB

Bei der DB Netz AG waren 2017 nur noch 711 003 und 005 aktiv. 711 004 und 008 waren von einer Untersuchung zurückgestellt, die Übrigen nicht mehr im Bestand.

Die Flotte der Turmtriebwagen der Deutschen Bahn wurde Mitte der 1990er-Jahre durch die Hubarbeitsbühnen-Instandhaltungsfahrzeuge Oberleitungsanlagen (HIOB) als Baureihe 711⁰ ergänzt.

Rahmen und Aufbau sind eine geschweißte Stahlkonstruktion. Zwischen den Führerständen befinden sich ein Werkstattraum und ein Aufenthaltsraum mit Küche und Sitzecke sowie die Nasszelle und eine Vakuum-Toilette. Auf dem Dach ist zusätzlich zur frei schwenkbaren Hubarbeitsbühne eine Scherenhubbühne montiert. Beide Bühnen können zu einer großen Arbeitsplattform vereint werden. Zudem sind auf dem Dach ein Lehrstromabnehmer, eine Aussichtskanzel, eine Videokamera und Scheinwerfer installiert.

Eines der beiden Drehgestelle wird von einem MAN-Sechszylinder-Dieselmotor der Bauart D 0824 mit Rußfilteranlage angetrieben. Die Kraftübertragung erfolgt über ein hydromechanisches Getriebe und Gelenkwellen. Für Hydraulikgeräte und für den unteren Geschwindigkeitsbereich kann der Arbeits- und Fahrmotor mit einer Leistung von 118 kW zugeschaltet werden.

Von den ursprünglich neun Wagen waren 2022 bei DB Netz nur noch drei im Einsatz, zwei waren abgestellt. Vier wurden an die Railsystems PR GmbH in Gotha verkauft, die sie weiterhin nutzt.

TECHNISCHE DATEN

- Länge über Puffer: 17.240 mm
- Radsatzfolge: B'2'
- Treibraddurchmesser: 840 mm
- Achsstand im Drehgestell: 1.800 mm
- Gesamter Achsstand: 12.800 mm
- Dienstmasse: 66 t
- Höchstgeschwindigkeit: 120 km/h
- Leistung: 338 kW + 118 kW (Hilfsmotor)
- Motorbauart: 6-Zylinder-Reihenmotor 4-Zylinder Reihenhilfsmotor
- Leistungsübertragung: hydrodynamisch
- Antrieb: Gelenkwellen, Radsatzgetriebe
- Indienststellung: 1996–1997

711 007 ist einer von vier Wagen, die an Railsystems PR verkauft wurden. Mit leicht modifiziertem Anstrich sind die Fahrzeuge weiterhin im Einsatz (Wirtheim, 4. Dezember 2020).

BAUREIHE 711[1]

Der schnelle Turmtriebwagen

Für den bevorzugten Einsatz auf Schnellfahrstrecken beschaffte die DB ab 2002 die 160 km/h schnellen Triebwagen der Baureihe 711[1]. DB Netz hat davon 22 Exemplare im Bestand.

TECHNISCHE DATEN

Länge über Puffer: 26.640 mm
Radsatzfolge: B'B'
Treibraddurchmesser: 920 mm
Achsstand im Drehgestell: 1.800 mm
Gesamter Achsstand: 12.800 mm
Dienstmasse: 77,5 t
Höchstgeschwindigkeit: 160 km/h
Leistung: 2 x 294 kW + 130 kW (Hilfsmotor)
Motorbauart: 12-Zylinder-V-Motor 6-Zylinder-Reihenhilfsmotor
Leistungsübertragung: hydrodynamisch
Antrieb: Gelenkwellen, Radsatzgetriebe
Indienststellung: 2002–2004

Um bei Schäden an der Oberleitung schnell vor Ort zu sein, beschaffte die Deutsche Bahn ab 2002 die 160 km/h schnellen Triebwagen der Baureihe 711[1]. bei der GBM Gleisbaumechanik Brandenburg in Kirchmöser. Die Kopfform entstand in Zusammenarbeit mit der Fahrzeugtechnik Dessau.

Die Aufbauten unterteilen sich in die beiden klimatisierten Führerräume und die dazwischen liegende Werkstatt, den Lagerraum, die Nasszelle und den Sozialraum für acht Personen mit einem Tisch, einer vollständig eingerichteten Küchenzeile und einem Arbeitsplatz.

Zur Arbeitsausstattung gehören eine frei schwenkbare Hubarbeitsbühne, eine Hubarbeitsbühne mit schwenkbarem Arbeitskorb, ein Fahrdraht- und Tragseildrücker, ein Stromabnehmer mit einstellbarer Anpresskraft sowie eine Videoanlage zur Beobachtung des Stromabnehmers.

Zwei Motoren treiben das Fahrzeug an. Ein weiterer Dieselmotor mit Rußpartikelfiltersystem versorgt die hydraulischen Einrichtungen und dient zur Schleichfahrt bei Arbeitseinsätzen. Die indirekt wirkende, selbsttätige, mehrlösige Scheibenbremse hat eine Gleit- und Schleuderschutzanlage sowie eine Sandstreuanlage. Sie wird durch eine Druckluft-Zusatzbremse, eine elektropneumatische Bremse, eine Magnetschienenbremse und eine Federspeicherbremse als Feststellbremse ergänzt.

Der 711 101 war zu schwer ausgefallen und wurde von der DB nicht übernommen. Er wurde ausgeschlachtet und durch einen Neubau ersetzt. Bis auf den 711 112 waren 2022 noch alle der gelb lackierten Wagen im Bestand und in Werken in ganz Deutschland beheimatet.

BAUREIHE 711²

IFO der neuesten Generation

Der 711 212 führt am 17. Februar 2020 im Vorfeld von Würzburg Instandsetzungsarbeiten an der Fahrleitung durch. Diese wurde nach einer schweren Flankenfahrt von 187 315 und Triebzug der Baureihe 445 erheblich beschädigt.

Eine weitere Unterbauart der Reihe 711 sind die von der ROBEL Bahnbaumaschinen GmbH ab 2009 gebauten Wagen. Deren selbsttragender Kasten besteht aus gewalzten Stahlprofilen. Die beiden Führerräume bieten zwei Sitzplätze und sind mit Rückfahrkameras ausgestattet. Hinter dem Führerraum 1 befindet sich ein Sozialraum mit Nasszelle und Küche. Danach folgt ein Arbeits- und Werkstattraum mit breiten Schiebetüren in den Seitenwänden. Mit einem Kran können schwere Lasten verladen werden. Dank normaler Zug- und Stoßvorrichtungen können zusätzliche Wagen mitgeführt werden. Auf dem Dach befinden sich Mess-Stromabnehmer, zwei Hubarbeitsbühnen sowie eine Fahrdraht- und Tragseil-Anhebevorrichtung. Eine Außenbeleuchtung erlaubt den Einsatz in der Dunkelheit. Als Antrieb dienen zwei Achtzylinder-Dieselmotoren von Deutz mit einer Leistung von jeweils 480 kW. Sie übertragen ihr Drehmoment auf alle Radsätze. Sollten die Fahrmotoren ausfallen, stellt ein weiterer Dieselmotor die Energie bereit, die benötigt wird, um die Arbeitsbühnen wieder in Ruhestellung zu bringen.

2024 standen zwölf Wagen im Dienst von DB Netz, einer war bei DB Bahnbau und zwei bei DB InfraGO gemeldet.

TECHNISCHE DATEN

Länge über Puffer: 24.500 mm

Radsatzfolge: B'B'

Achsstand: 19.500 mm

Dienstmasse: 76 t

Leistung: 2 x 480 = 960 kW

Höchstgeschwindigkeit: 140 km/h

Kraftübertragung: hydraulisch

Indienststellung: 2009–2014

Mit den Instandhaltungsfahrzeugen für Oberleitung (IFO) sollen Oberleitungsstörungen möglichst schnell entdeckt und behoben werden. Für den Neubau von Oberleitungen sind sie nicht vorgesehen.

BAUREIHE 716

Hochleistungs-Schneeschleuder

TECHNISCHE DATEN

Gesamtlänge: 16.500 mm
Radsatzfolge: B'B'
Treibraddurchmesser: 850 mm
Achsstand im Drehgestell: 2.000 mm
Gesamter Achsstand: 9.000 mm
Dienstmasse: 80 t
Höchstgeschwindigkeit: 120; 30 [1] km/h
Leistung: Fahrmotor 605 kW Schleudermotoren 2 x 605 kW
Motorbauart: 12-Zylinder-Motor
Leistungsübertragung: hydrodynamisch
Antrieb: Gelenkwellen, Radsatzgetriebe
Indienststellung: 1994
[1] Arbeitsgeschwindigkeit

Der Einsatz der beiden Schneeschleudern der Baureihe 716 wird von DB Netz koordiniert. Sie sind in Kiel (716 001) bzw. Fulda (716 002) beheimatet.

Für die Neubaustrecke Hannover–Würzburg beschaffte die Deutsche Bahn eine leistungsfähige Schneeschleuder, die schnell am Einsatzort ist und eine hohe Arbeitsgeschwindigkeit erreicht.

Der um 180 Grad drehbare Wagenkasten trägt alle drei Motoren samt den zugehörigen Getrieben. Er teilt sich in den flachen Maschinenraum, das Führerhaus und den Schleudersatz. Das geräumige Führerhaus ist klimatisiert. Das Fahrzeug muss von zwei Mitarbeitern bedient werden. Einer fährt, der andere ist für die Bedienung der Schleudereinrichtung zuständig. Beheizbare Frontscheiben mit rotierenden Scheibenwischern sollen auch bei ungünstigen Witterungsverhältnissen eine möglichst gute Sicht auf den Räumvorgang gewährleisten. Damit die Schneeschleuder zur Überführung an Züge angekuppelt oder bei sehr hohem Schnee von einer Schublokomotive unterstützt werden kann, hat sie hinten normale Schraubenkupplungen und Zughaken.

Die Schleuderausrüstung besteht aus je zwei übereinander liegenden Vorschneidepropellern mit dahinter liegenden Wurfschaufelrädern. Die Schleuderausrüstung kann hydraulisch zur Seite und nach oben verschoben werden. Damit lässt sich die Räumbreite auf fünf Meter erweitern, die Räumhöhe auf drei Meter. Weil die Schleudereinrichtung den Schnee zwischen den Gleisen liegen lässt, räumt eine kleine Pflugschar am Heck zwischen den Schienen. Sie kann vom Führerpult aus hydraulisch abgesenkt und angehoben werden.

Der Zwölfzylinder-Dieselmotor von Daimler-Benz überträgt seine Leistung über ein Hydraulikgetriebe und Gelenkwellen auf die Achsgetriebe aller vier Achsen. Ein mechanisches Getriebe erlaubt das Umschalten vom Streckengang (v_{max} 120 km/h) in den Arbeitsgang (v_{max} 30 km/h). Die Schleudereinrichtung wird von zwei weiteren Motoren desselben Typs (einer für jedes Schleuderrad) über ein Zwei-Gang-Getriebe bewegt.

Die beiden inzwischen verkehrsrot lackierten Schneeschleudern sind in Kiel (716 001) bzw. Fulda (716 002) stationiert. Von dort aus werden sie bevorzugt auf den Schnellfahrstrecken eingesetzt, kommen aber auch auf anderen Linien im gesamten Bundesgebiet zum Einsatz.

BAUREIHE 719^0, 720^0

Mit Ultraschall Schäden erkennen

Um Schäden am Gleis erkennen zu können, hat die Bahn Ultraschall-Prüfzüge in ihrem Bestand. 1975 lieferte MBB einen ersten dreiteiligen Prüfzug, der sich an die Baureihe 614 anlehnt. Nach über 25 Jahren Einsatz war die Messtechnik nicht mehr auf dem Stand der Zeit. Die DB ließ den Zug deshalb grundlegend aufarbeiten.

Zwei Cummins-Motoren vom Typ QSK 19R treiben den Zug an. Er ist in Stahlleichtbauweise aus Walzprofilen und Blechen hergestellt.

An den Stirnseiten wurden zusätzliche Scheinwerfer und Kameras für die Streckenbeobachtung nachgerüstet.

Der Führer- und Beobachtungsstand wurde modernisiert und mit Bildschirmen ausgestattet. Im 719 001 befinden sich fünf Schlafkabinen mit Bett und Waschgelegenheit sowie ein Raum mit der Klima- und Wasseraufbereitungsanlage. Der 719 501 ist ähnlich eingerichtet, hat aber nur zwei Schlafkabinen und einen Aufenthaltsraum. Der Mittelwagen 720 001 bildet mit dem Prüfkopfträgerwagen das Herzstück des Zugs. Der Wagen führt die Prüfköpfe schwingungsfrei über die Schienen, während die Köpfe die Schienen mit Ultraschall untersuchen. Dazu müssen sie über einen Wasserfilm auf den Schienen aufliegen. Um die Wasserversorgung zu gewährleisten, sind im Mittelwagen zwei große Wassertanks eingebaut. Ein Lagerraum ergänzt die Innenausstattung.

Der Ultraschallprüfzug 719/720 löste Mitte der 1970er-Jahre die alten Prüf-Schienenbusse ab.

unten: Der Prüfkopfträger unter dem 720 001.

TECHNISCHE DATEN

- Länge über Puffer: Zug (3-teilig) 79.460 mm, Endwagen 26.650 mm, Mittelwagen 26.160 mm
- Radsatzfolge: B'2'+2'2'+2'B'
- Treibraddurchmesser: 950 mm
- Achsstand im Drehgestell: 2.500 mm
- Gesamter Achsstand: 21.500 mm
- Dienstmasse: 148,3 t
- Höchstgeschwindigkeit: 140 km/h
- Leistung: 2 x 448 kW + 2 x 24 kW (Hilfsmotoren)
- Motorbauart: 16-Zylinder-V-Motor
- Leistungsübertragung: hydraulisch
- Antrieb: Gelenkwellen, Radsatzgetriebe
- Indienststellung: 1974

BAUREIHE 719²

Der Lichtraumprofilmesszug (LIMEZ III)

Der Lichtraumprofilmesszug (LIMEZ III) überprüft mit Laserstrahlen den Abstand von Gegenständen zum Gleis, außerdem vermisst er die Gleisgeometrie. Am 7. August 2017 ist der Zug bei Tamm unterwegs.

TECHNISCHE DATEN
Länge über Puffer: 53.300 mm
Radsatzfolge: B'2'+2'B'
Radsatzstand: 2 x 21.500 mm
Dienstmasse: 2 x 46 t
Höchstgeschwindigkeit: 140 km/h
Leistung: 2 x 367 = 734 kW
Kraftübertragung: hydraulisch
Indienststellung: 2006

Der zweiteilige Lichtraumprofilmesszug (LIMEZ III) entstand 2006 durch Umbau aus dem Diesel-Triebwagen 614 045/046. Er bekam danach die Bezeichnung 719 045/046. An den Arbeiten waren das Fraunhofer-Institut für Physikalische Messtechnik, die FTI Engineering Network GmbH und die Metronom Automation GmbH beteiligt. Der Zug gehört DB Fahrwegmessung und ist in Minden beheimatet.

Der Wagenkasten wurde nur wenig verändert, der Innenraum hingegen komplett umgebaut. Markant ist die Messeinrichtung an der Stirnseite des 719 046. Beim 719 045 wurde lediglich eine Videokamera an der Frontseite angebracht, die die Überwachung der rückwärtigen Strecke ermöglicht. Während mit den bisher eingesetzten Fahrzeugen und Messsystemen nur Messgeschwindigkeiten bis 30 km/h möglich waren, bietet der LIMEZ III die Möglichkeit von Messfahrten bis zu 100 km/h.

Zwei Laserscanner erfassen 550 Profile pro Sekunde und ermitteln dabei jeweils 3.600 Abstandswerte zu Gegenständen neben dem Gleis. Außerdem wird die gesamte Gleisgeometrie erfasst. Die Daten werden im Auswerteraum im 719 045 verarbeitet. An ihn schließen sich eine Werkstatt und ein Kompressorraum an. Im 719 046 befinden sich ein Rechnerraum sowie die Aufenthaltsräume für das Bedienpersonal.

Während der 719 046 die gesamte Messeinrichtung trägt ist an der Stirnseite des 719 045 nur eine Videokamera zur Überwachung der Strecke montiert.

BAUREIHE 719^3, 720^3

Prüfzug der neuesten Generation

Plasser & Theurer lieferte 2015 einen neuen Schienenprüfzug. Er gehört mit seiner modularen Bauweise zu einer neuen Familie zweiteiliger Messzüge. Die DB reihte den gelben Zug als 719 301/720 301 in den Bestand ein. 2017 folgte ein zweiter Doppelwagen.

Die Züge haben einen auf allen Radsätzen angetriebenen Wagen und einen antriebslosen Steuerwagen. Zwei Dieselmotoren der Firma Deutz dienen dem Antrieb. Unter dem Steuerwagen ist ein absenkbarer Messträger montiert, mit dem die Gleisparameter aufgenommen werden können. Darüber hinaus befindet sich hier ein Wassertank. Auf dem Dach des Antriebswagens ist ein Mess-Stromabnehmer montiert, mit dem der Abstand und die Lage der Oberleitung zum Gleiskörper erfasst werden können.

Im Antriebswagen gibt es eine klimatisierte Küche, in der eine Mikrowelle, ein Herd, eine Spüle, ein Tisch und eine Sitzecke zu finden sind. Eine Toilette ergänzt die Ausstattung. Der Steuerwagen hat außer einem Beobachtungsstand mit neun Monitoren, eine Werkstatt, Schaltschränke mit Messtechnik und vier Schlafabteile. Die Ultraschall- und Wirbelstrom-Messtechnik wurde von der Firma PLR Magdeburg geliefert.

Auch die zweiteiligen Schienenprüfzüge $719^3/720^3$ sind aus der modularen Plattform für Messtriebwagen von Plasser & Theurer hervorgegangen (719 302/720 302, Frankfurt [Main] Hbf, 24. August 2019).

TECHNISCHE DATEN

- Länge über Puffer: 46.000 mm
- Radsatzfolge: B'B'+2'2'
- Achsstand im Drehgestell: 2.500 mm
- Dienstmasse: 80 t
- Höchstgeschwindigkeit: 140 km/h
- Antrieb: hydrodynamisch
- Indienststellung: 2015

Der 719^3 übernimmt den Antrieb des Zugs, außerdem ist auf seinem Dach ein Prüfstromabnehmer montiert. 719 302/720 302 durchfährt am 3. Juni 2022 den Wirtheim in Richtung Fulda.

BAUREIHE 725^1, 726^1

Der neue Gleismesszug (GMTZ)

Der neue Gleismesszug 725^1/726^1 soll die letzten alten, aus Schienenbussen entstandenen Triebwagen der Baureihen 725/726 ablösen.

Auf der InnoTrans 2014 präsentierte Plasser & Theurer den Gleismesszug (GMTZ), den DB Netz als 725 101/726 101 in den Bestand übernahm. Der Zug dient zur Erfassung der Gleisgeometrie, zur Schwellendiagnose und zur Messung des Lichtraumprofils.

Das Fahrzeug besteht aus einem angetriebenen und einem antriebslosen Wagen und kann Steigungen bis zu 55 Promille meistern.

Der Messzug lässt sich aus den bordeigenen Generatoren, aus vorgespannten Lokomotiven oder, im Stillstand, aus dem Ortsnetz mit Energie versorgen.

Der 725 101 wird hydrodynamisch auf allen vier Achsen angetrieben. Wird der Zug von einer Lok bewegt, schaltet sich der Antrieb automatisch ab. Die Bremsanlage besteht aus einer Druckluftbremse, einer hydrodynamischen Bremse und einer Retarderbremse. Luftgefederte Drehgestelle unter dem Steuerwagen entkoppeln den Aufbau vom Laufwerk und sollen so für einen schwingungsfreien Lauf sorgen.

TECHNISCHE DATEN

- Radsatzfolge: B'B'+2'2'
- Länge über Puffer: 46.000 mm
- Achsstand: 2 x 17.900 mm
- Dienstmasse: 80 + 58 t
- Höchstgeschwindigkeit: 140 km/h
- Kraftübertragung: hydraulisch
- Indienststellung: 2014

An der Frontseite des 726 101 befindet sich ein Tragrahmen zur Befestigung der Messeinrichtungen.

BAUREIHE 740[1]

Instandhaltungsfahrzeug (MISS)

Zu den neuen Fahrzeugen zur Instandhaltung des Schienennetzes gehören auch die drei von Plasser & Theurer gebauten Triebwagen der Baureihe 740[1]. Sie werden als Multifunktionales Instandhaltungsfahrzeug (MISS) bezeichnet und entstammen einem Baukastensystem, zu dem weitere Baureihen gehören. Die vierachsigen Wagen lassen sich zur Unterhaltung und Reinigung der Gleise nutzen. Einige der Fahrzeuge werden auch mit ECTS ausgestattet, um auch Aufgaben der Streckeninstandhaltung auf der neuen Schnellfahrstrecke Berlin–Nürnberg durchführen zu können.

Die Fahrzeuge der Baureihe 740[1] gehören zu einer ganzen Reihe neuer Dienstfahrzeuge, die bei Plasser & Theurer aus einem Baukastensystem für die DB entstehen.

Eine Bürste an der Stirnseite der Wagen ermöglicht die Reinigung der Gleise.

TECHNISCHE DATEN

Länge über Puffer: 23.000 mm

Eigengewicht: 76,0 t

Höchstgeschwindigkeit: 140 km/h

Indienststellung: seit 2016

BAUREIHE 741

GAF 100, GAF 200

Einige GAF 100 tragen inzwischen die Baureihennummer 741 (741 134, Stuttgart-Zuffenhausen, 30. Mai 2022).

TECHNISCHE DATEN
Länge über Puffer: 9.080 mm
Radsatzfolge: B
Treibraddurchmesser: 750 mm
Radsatzstand: 21.500 mm
Dienstmasse: 15 t
Höchstgeschwindigkeit: GAF 100: 100 km/h GAF 200: 120 km/h
Leistung: GAF 100: 169 kW GAF 200: 339 kW
Motorbauart: 6-Zylinder-Motor
Leistungsübertragung: hydraulisch
Indienststellung: 1994

Ab 1994 beschaffte die Deutsche Bahn kleine zweiachsige Gleisarbeitsfahrzeuge (GAF) für leichtere Arbeiten. Einige GAF 100 tragen inzwischen die Baureihennummer 741.

Die Wagen stammen von der Firma Gleisbaumechanik in Brandenburg, wurden in unterschiedlichen Ausführungen geliefert und lösten die Rottenkraftwagen der Typen Klv 53 und SKL 25. Sie lehnen sich an die SKL 26 der Deutschen Reichsbahn an, haben aber normale Zug- und Stoßeinrichtungen. Nahezu alle GAF sind mit einem Ladekran ausgestattet, wobei hier unterschiedliche Bauarten verwendet wurden. Die GAF 100R/H haben eine Hubbühne. Unter der Bezeichnung H 27 hat die Bahn Anhänger zu den GAF 100 im Bestand, von denen auch mehrere mitgenommen werden können.

Außer den GAF 100 bestellte die Bahn mit den GAF 200 R auch eine größere und schnelle Ausführung. Sie wurde ab 1998 in neun Exemplaren gebaut, trägt inzwischen die Baureihennummer 742 und wird bevorzugt auf Stecken für höhere Geschwindigkeiten genutzt.

Zu den GAF gibt es die Anhänger H 27, die die Ladefläche vergrößern.

BAUREIHE 746[0]

Das neue große GAF

Die Gleisarbeitsfahrzeuge (GAF) dienen zur Inspektion und Instandhaltung der Gleise sowie zur Beseitigung von Bewuchs im Gleisbereich. Der 746 004 fährt am 9. Oktober 2020 durch den Bf Parsberg.

TECHNISCHE DATEN
Länge über Puffer: 23.000 mm
Radsatzfolge: B'B'
Dienstmasse: 65 t
Höchstgeschwindigkeit: 100 km/h
Leistung: 480 kW
Leistungsübertragung: hydraulisch
Indienststellung: 2018

Die ab Dezember 2018 gelieferten 28 vierachsigen Gleisarbeitsfahrzeuge (GAF) der Baureihe 746 stammen von der österreichischen Plasser & Theurer GmbH.

Sie dienen in erster Linie zur Inspektion und Instandhaltung von Gleisen. Sie haben normale Kupplungen zur Beförderung von Wagen. Es können Anhängelasten bis zu 480 t mitgenommen werden.

Zwischen den beiden Aufbauten befindet sich eine Arbeitsplattform mit einem Kran (mit Arbeitskorb) und ein Schwellenfachgreifer zum Auswechseln von Einzelschwellen. Dank einer seitlichen Schienenverladevorrichtung können Schienen bis zu 20 m Länge mitgenommen werden, außerdem ist der Transport von Oberbaumaterialien bis zu 13 m möglich.

Zur Kontrolle und Beseitigung von Vegetation im Gleisbereich können Mulcher, Ast-und Heckenscheren sowie Holzgreifer montiert werden.

Im größeren Aufbau können bis zu acht Mitarbeiter mitfahren, außerdem befindet sich hier eine Toilette.

In der großen Kabine finden bis zu acht Mitarbeiter einen Platz (746 002, 26. November 2021, Kassel).

Kennzeichnung der Triebfahrzeuge

Seit 2007 werden Triebfahrzeuge nach dem europäischen Fahrzeugeinstellungsregister (UIC-Merkblatt 438-3 Kennzeichnung der Triebfahrzeuge) eingereiht.

Diese zwölfstellige Nummer besteht aus einem Bauartcode, einer Länderkennung (Deutschland = 80), einer Füllziffer und der eigentlichen Lokomotivnummer. Die Füllziffer ist notwendig, weil die Baureihennummer vierstellig sein muss. Die DB wählte die Füllziffer so, dass die Prüfziffer bei den meisten Fahrzeugen nicht verändert werden musste. Nur bei Dieseltriebwagen konnte diese Prüfziffer nicht unverändert bleiben.

Es wurden folgende Bauartcodes festgelegt:

- 90 = nicht anderweitig erfasstes Triebfahrzeug, zum Beispiel Dampflok
- 91 = Elektrolok mit mehr oder gleich 100 km/h Höchstgeschwindigkeit
- 92 = Diesellok mit mehr oder gleich 100 km/h Höchstgeschwindigkeit
- 93 = Elektrotriebwagen mit mehr oder gleich 190 km/h Höchstgeschwindigkeit
- 94 = Elektrotriebwagen mit weniger als 190 km/h Höchstgeschwindigkeit
- 95 = Dieseltriebwagen
- 96 = Beiwagen
- 97 = Elektrolok mit weniger als 100 km/h Höchstgeschwindigkeit (Rangierlok)
- 98 = Diesellok mit weniger als 100 km/h Höchstgeschwindigkeit (Rangierlok)
- 99 = Bahndienst-Fahrzeuge.

Die Kontrollziffer berechnet sich wie im folgenden Beispiel:
Loknummer: 9 4 8 0 0 4 2 3 3 3 9
Multiplikator: 2 1 2 1 2 1 2 1 2 1 2
Die einzelnen Ziffern der Loknummer werden jeweils mit 1 oder 2 multipliziert
Ergebnis 18 4 16 0 0 4 4 3 6 3 18
Aus dem Ergebnis wird die Quersumme gebildet: 1+8+4+1+6+0+0+4+4+3+6+3+1+8=49

Die Quersumme wird auf den nächsten vollen Zehner aufgerundet (hier 50). Die Differenz zwischen Quersumme und aufgerundetem Ergebnis (hier 1) bildet die Kontrollziffer. Die vollständige Fahrzeugnummer lautet also 94 80 0 423 339-1.

Radsatzfolgen:

B	zwei angetriebene Achsen im Hauptrahmen
C	drei angetriebene Achsen im Hauptrahmen
D	vier angetriebene Achsen im Hauptrahmen
B'B'	zwei zusammen angetriebene Drehgestelle mit je zwei miteinander gekuppelten Radsätzen
C'C'	zwei zusammen angetriebene Drehgestelle mit je drei miteinander gekuppelten Radsätzen
Bo'Bo'	je zwei einzeln angetriebene Achsen in zwei Drehgestellen
Co'Co'	je drei einzeln angetriebene Achsen in zwei Drehgestellen
Bo'2'Bo'	je zwei einzeln angetriebene Achsen in zwei Drehgestellen, Wagenkasten, der sich in der Mitte auf ein gemeinsames Laufachs-Drehgestell, das sog. „Jakobsdrehgestell", über zwei Drehzapfen abstützt

HINWEIS

Die Triebfahrzeuge in diesem Buch sind nach den ursprünglich von der DB AG verwendeten, dreistelligen Baureihennummern sortiert. Lokomotiven und Triebwagen privater Eisenbahnverkehrsunternehmen wurden ebenfalls nach dieser dreistelligen Nummer eingereiht.
Gibt es mehrere Baureihen mit der gleichen dreistelligen Nummer, ist die vorangehende Füllziffer mit angegeben.